画法几何与机械制图项目化教程习题集

主　　编　王艳春　马银平
副 主 编　张桂梅　缪　君　张平生
参编人员　王利霞　刘　毅　张冉阳

苏州大学出版社

图书在版编目(CIP)数据

画法几何与机械制图项目化教程习题集/王艳春，马银平主编. -- 苏州：苏州大学出版，2022.12(2025.7 重印)
ISBN 978-7-5672-4162-6

Ⅰ.①画… Ⅱ.①王… ②马… Ⅲ.①画法几何－习题集②机械制图－习题集 Ⅳ.①TH126-44

中国版本图书馆 CIP 数据核字(2022)第 236043 号

画法几何与机械制图项目化教程习题集
王艳春 马银平 主编
责任编辑 徐 来

苏州大学出版社出版发行
(地址：苏州市十梓街 1 号 邮编：215006)
镇江文苑制版印刷有限责任公司印装
(地址：镇江市黄山南路 18 号润州花园 6-1 号 邮编：212000)

开本 787 mm×1 092 mm 1/16 印张 8.75 字数 102 千
2022 年 12 月第 1 版 2025 年 7 月第 5 次印刷
ISBN 978-7-5672-4162-6 定价：38.00 元

图书若有印装错误，本社负责调换
苏州大学出版社营销部 电话：0512-67481020
苏州大学出版社网址 http://www.sudapress.com
苏州大学出版社邮箱 sdcbs@suda.edu.cn

前言

本习题集是根据教育部制订的高等学校工科本科“画法几何及机械制图课程教学基本要求”和最新颁布的《机械制图》《技术制图》国家标准，在多年教学实践的基础上，吸取兄弟院校教材的优点，经过适度创新编写而成的；适用于高等工科学校机械类、近机类各专业学生学习、练习时选用，也可供高职高专、成人教育学院及参加高等教育自学考试的学生选用。

本书由南昌航空大学王艳春、马银平担任主编，张桂梅、缪君、张平生担任副主编，参加编写的还有王利霞、刘毅、张冉阳。本书由南昌航空大学教材建设资金资助。

由于编写时间仓促，本书难免存在缺点和错漏，欢迎读者批评指正。

编　者

2022 年 8 月

目　录

项目一　制图基本知识

任务1　字体、图线练习及尺寸标注

1. 长仿宋体书写练习。

机 械 制 图 技 术 要 求 审 核 校 验 材 料 班 级

A B C D E F G H I J K L M N O P

a b c d e f g h i j k l m n o p

1 2 3 4 5 6 7 8 9 0　Ⅰ Ⅱ Ⅲ Ⅳ Ⅴ

2. 在指定位置处，照样画出下列图线和箭头。

班级____________　姓名____________　学号____________

3. 标注线性尺寸（尺寸数值从图中按照 1:1 量取，取整数）。

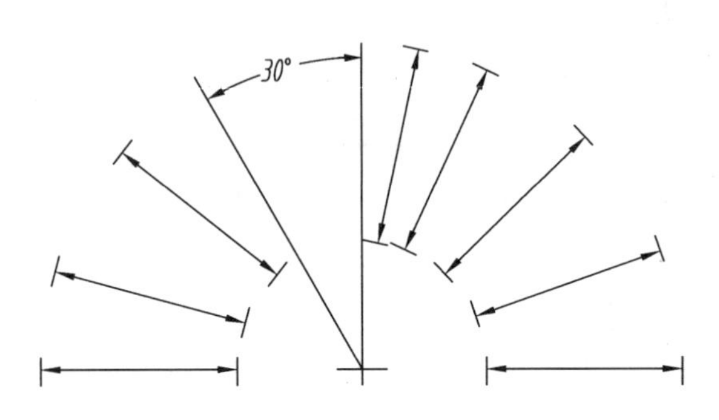

4. 将尺寸数字标在对应的尺寸线上（尺寸数值从图中按照 1:1 量取，取整数）。

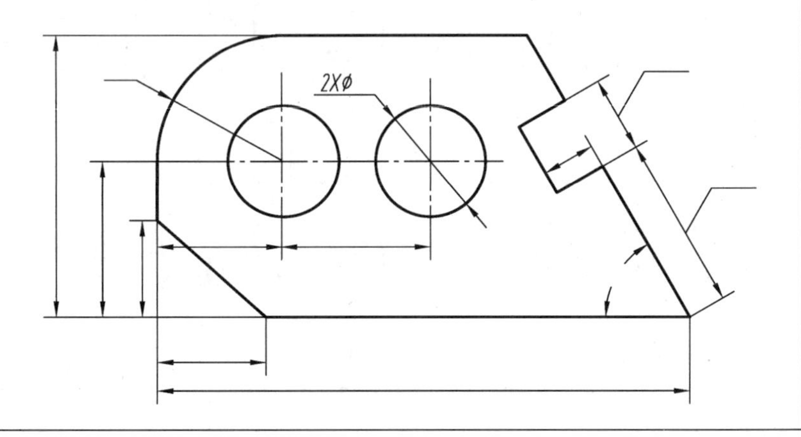

5. 标注圆的直径或圆弧的半径（尺寸数值从图中按照 1:1 量取，取整数）。

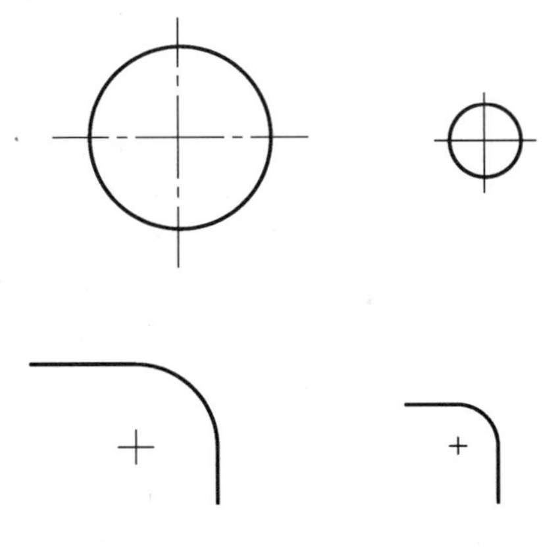

6. 标注平面图形尺寸（尺寸数值从图中按照 1:1 量取，取整数）。

（1）

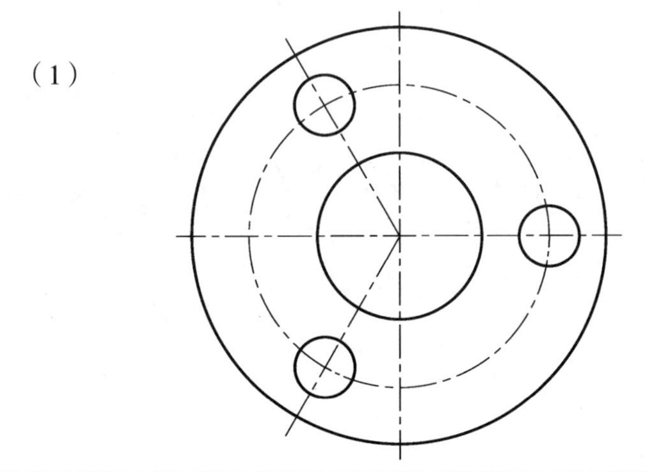

班级＿＿＿＿＿＿＿＿　姓名＿＿＿＿＿＿＿＿　学号＿＿＿＿＿＿＿＿

（2）

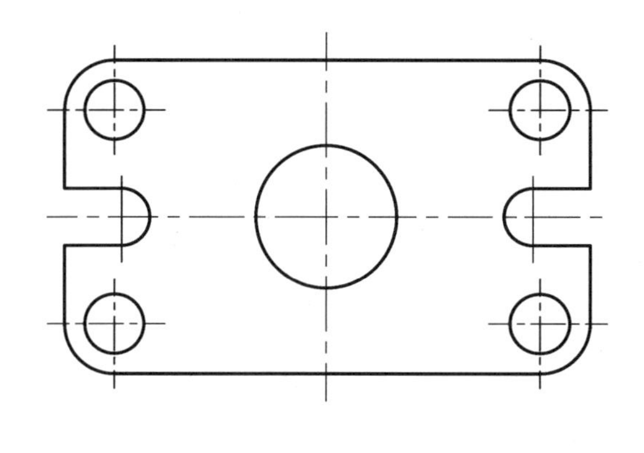

（3）

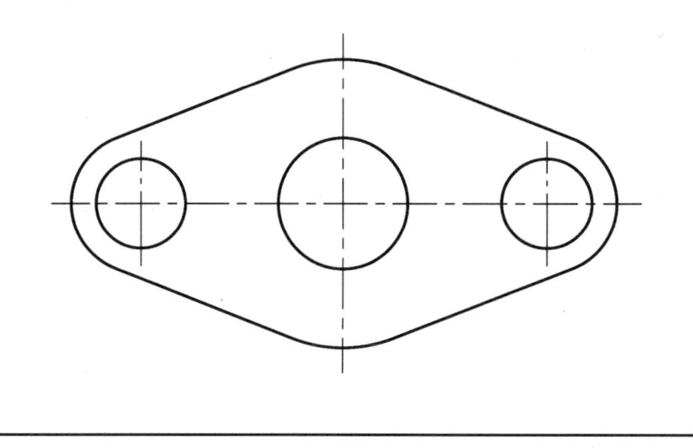

1. 画出平面图形，图名：几何作图。

（1）用 A3 图纸作图（比例自定）。

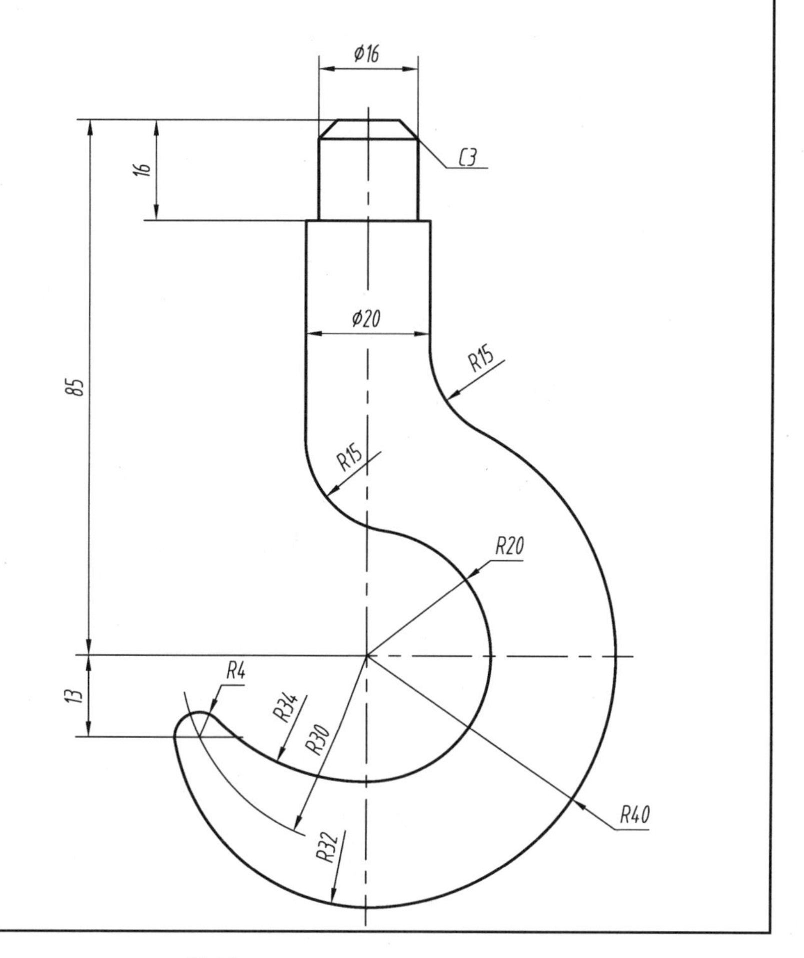

班级＿＿＿＿＿＿＿＿　姓名＿＿＿＿＿＿＿＿　学号＿＿＿＿＿＿＿＿

（2）用 A3 图纸作图（比例自定）。

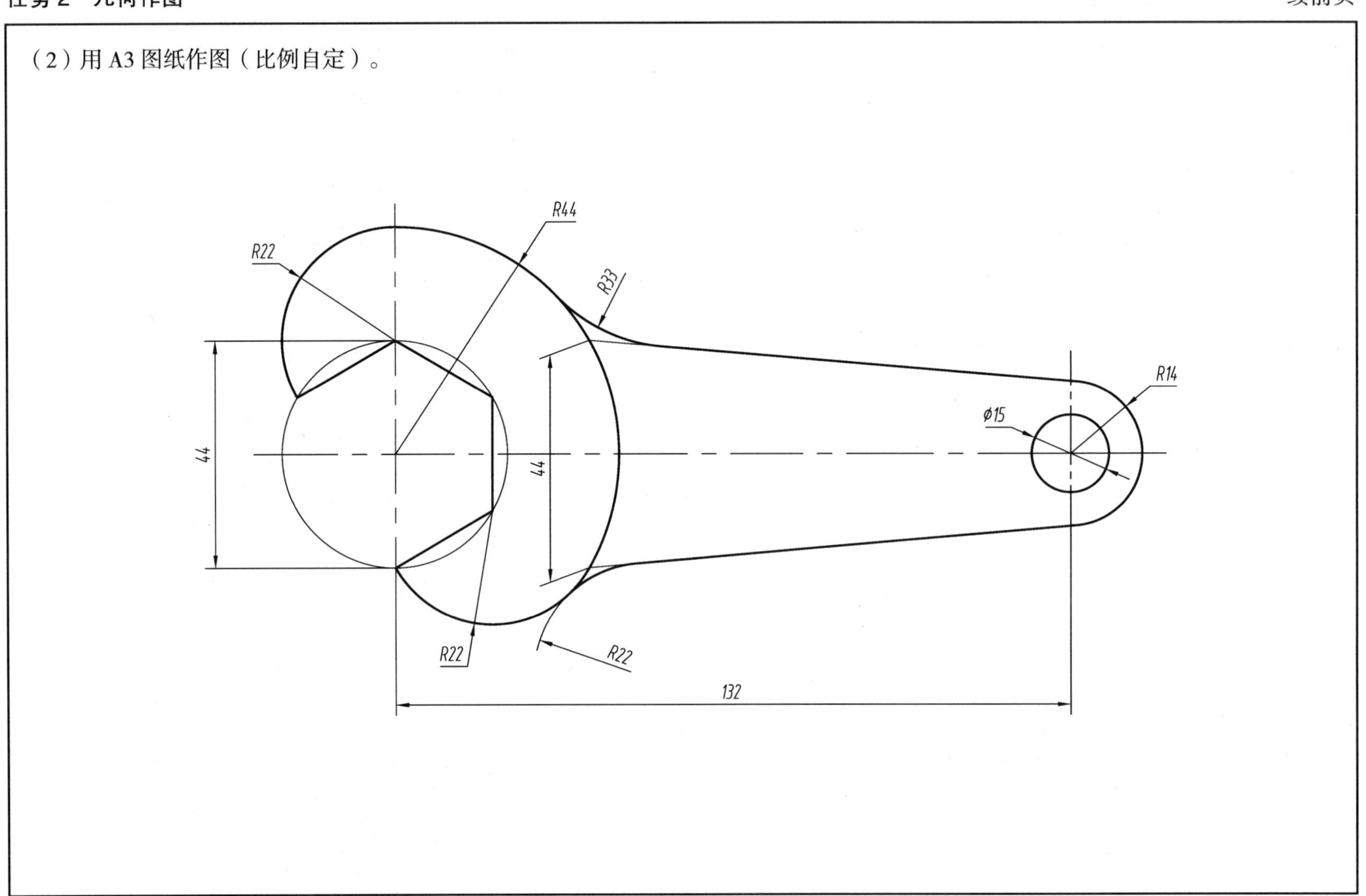

班级＿＿＿＿＿＿ 姓名＿＿＿＿＿＿ 学号＿＿＿＿＿＿

项目二　点、直线和平面的投影

任务 1　点、直线和平面的投影基础

1. 按立体图作出各点的两面投影（尺寸从图中量取）。

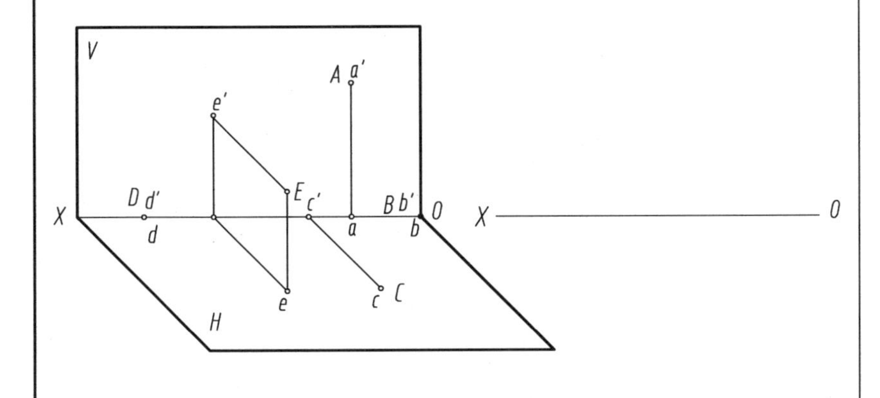

2. 已知点 *A* 的坐标为（10，15，20），又知点 *B* 的坐标为（20，10，15），点 *C* 在点 *A* 之左 5 mm，在点 *B* 之后 10 mm、之下 15 mm，作出 *A*、*B*、*C* 三点的三面投影。

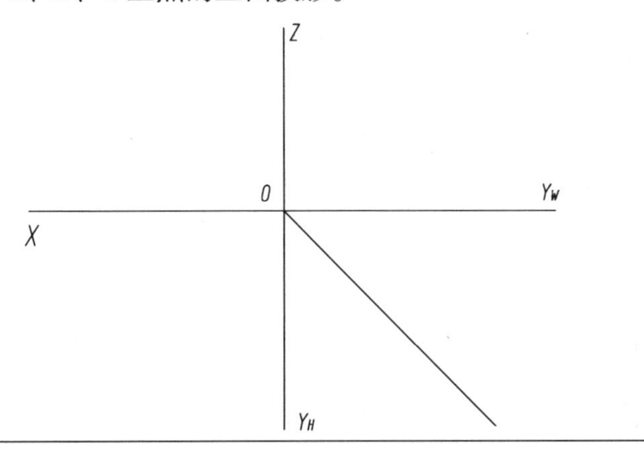

3. 补画各点的侧面投影。

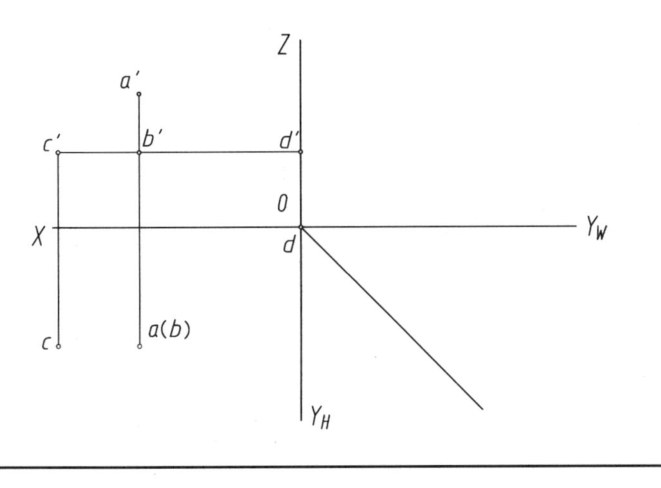

4. 已知点 *A* 在 *V* 面之前 20，点 *B* 在 *H* 面之上 10，点 *C* 在 *V* 面上，点 *D* 在 *H* 面上，点 *E* 在 *X* 轴上，补全各点的两面投影。

a'

c'

X　　e'　　O

d

b

5. 判断下列直线对投影面的相对位置并填写它们的名称。

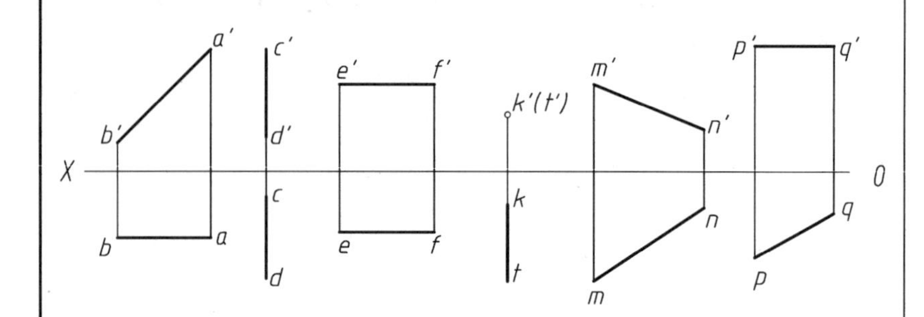

AB 是 ________ 线；EF 是 ________ 线；MN 是 ________ 线；

CD 是 ________ 线；KT 是 ________ 线；PQ 是 ________ 线

6. 过直线 CD 的中点作直线 EF 与 AB 平行。

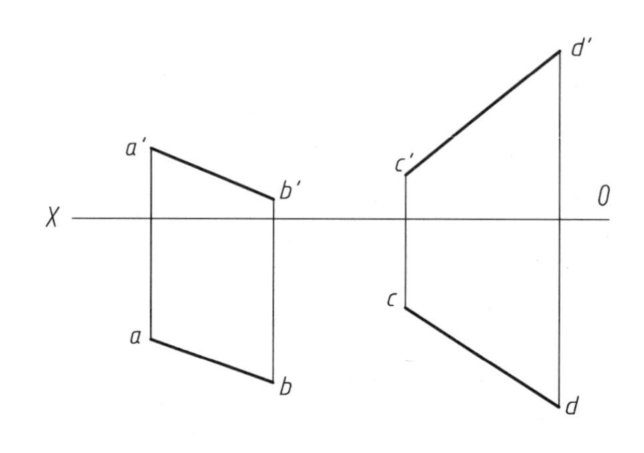

7. 作出直线 AB、CD 的三面投影（如有多解，作出其中一解即可）。

（1）已知 AB 为正平线，AB=20 mm，倾角 α=60°。

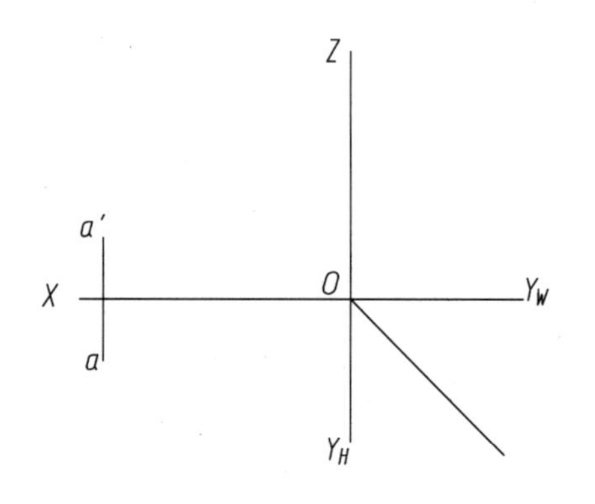

（2）已知 CD 为正垂线，CD=15 mm。

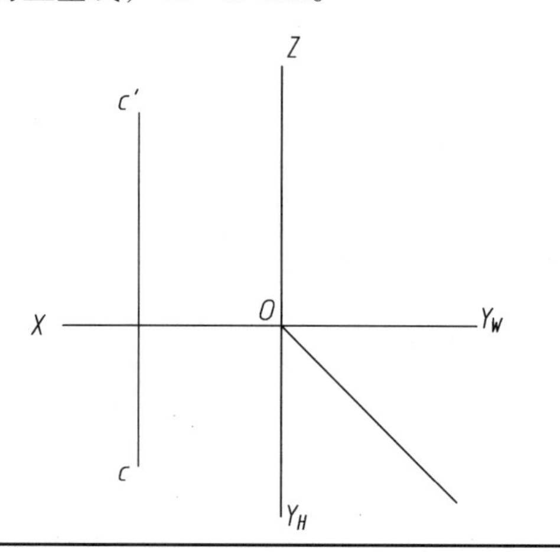

　　班级 ____________　　姓名 ____________　　学号 ____________

8. 试作一直线 *MN* 与直线 *AB* 平行，且与 *CD*、*EF* 两直线相交。

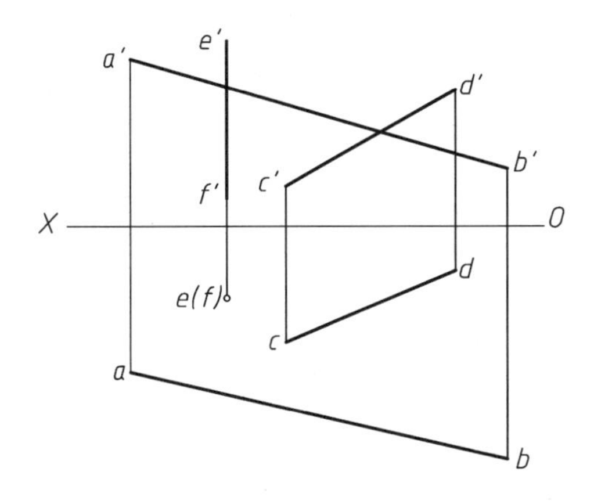

9. 在直线 *AB* 上取一点 *K*，使 *K* 与 *H*、*V* 面的距离之比为 2:3，试作出点 *K* 的三面投影。

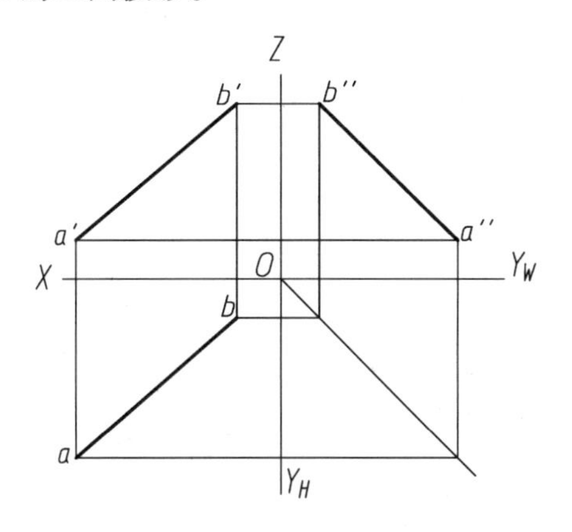

10. 补全直线 *AB*、*CD* 的三面投影。

（1）已知点 *B* 距 *V* 面 20 mm。

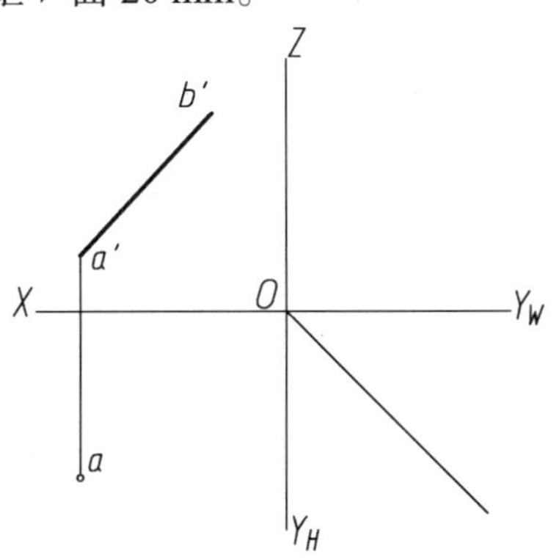

（2）已知点 *C* 距 *H* 面 10 mm。

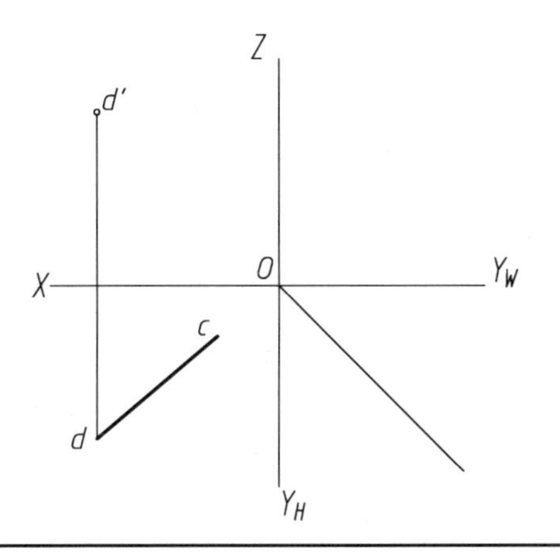

班级____________　姓名____________　学号____________

11. 过点 A 作水平线 AB 与直线 CD 相交，过点 E 作直线 EF 与 CD 平行。

12. 过点 A 作直线 AB 与直线 CD 相交，交点 B 距 V 面 20 mm。

（1）

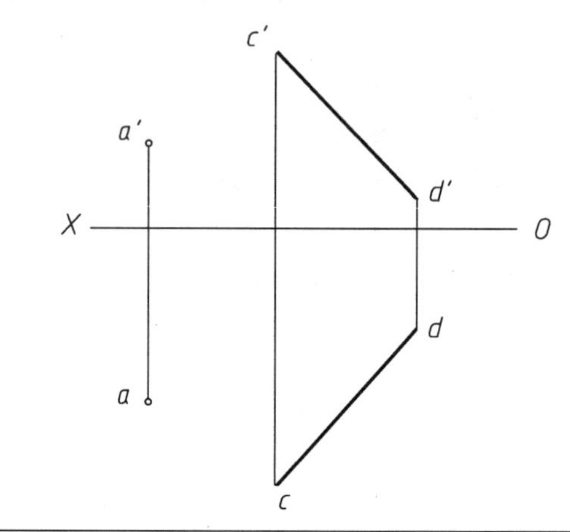

（2）

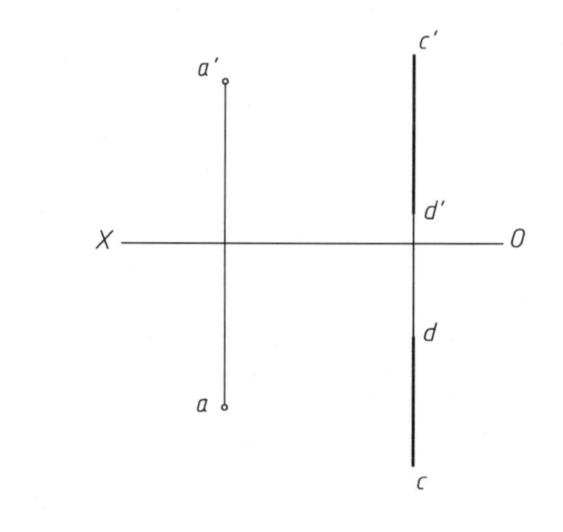

班级＿＿＿＿＿＿＿＿　姓名＿＿＿＿＿＿＿＿　学号＿＿＿＿＿＿＿＿

13. 判断两直线之间的相对位置（填“平行”、“相交”或“交叉”）。

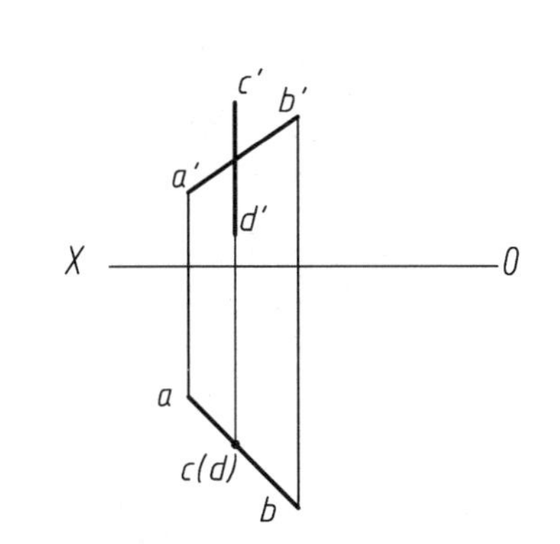

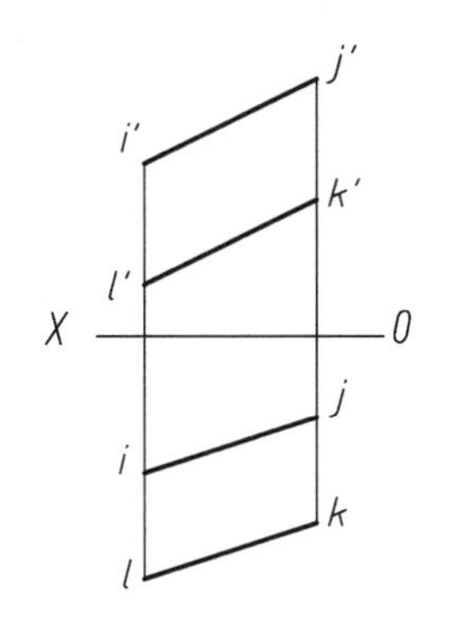

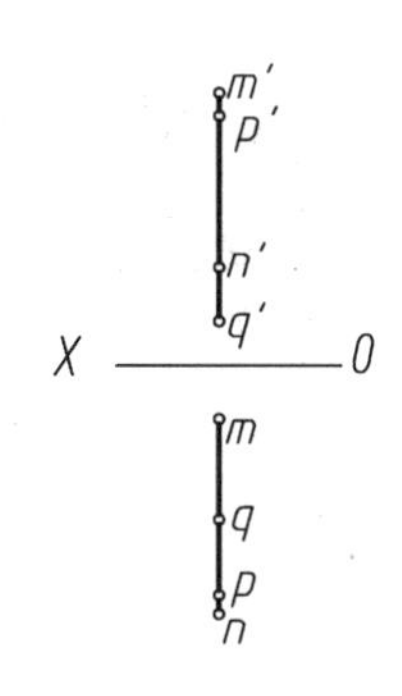

直线 *AB* 与 *CD*________　　直线 *EF* 与 *GH*________　　直线 *IJ* 与 *LK*________　　直线 *MN* 与 *PQ*________

14. 根据平面图形的两个投影，求作第三投影，并判断平面的空间位置。

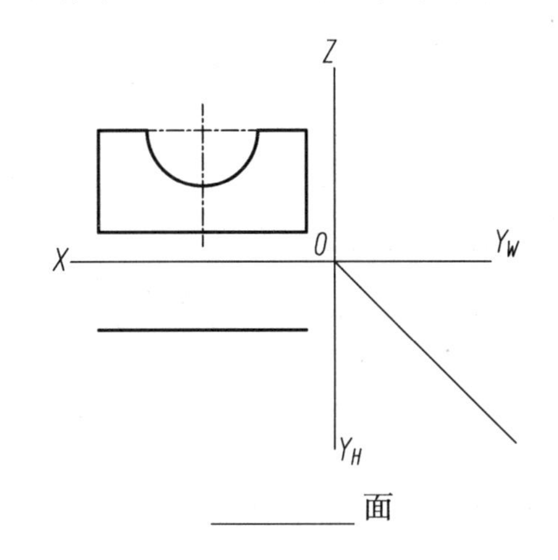

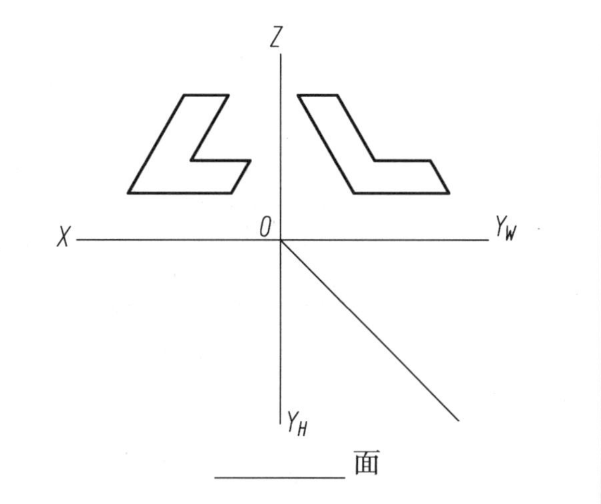

________面　　________面　　________面

1. 根据各平面对投影面的相对位置，填写它们的名称和对投影面的倾角（0°，30°，45°，60°，90°）。

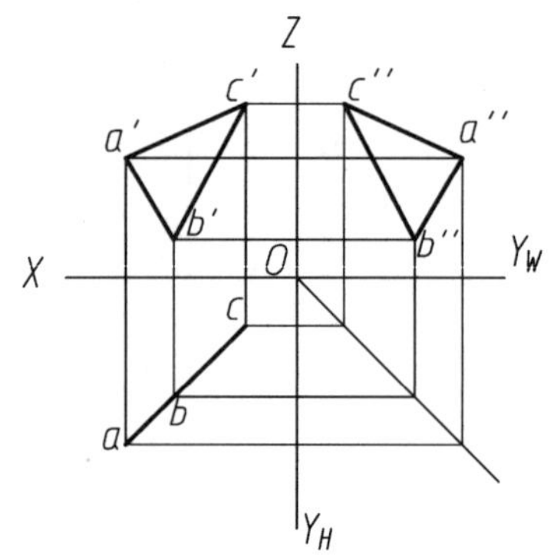

ABC 是 ________ 面

α= ____，β= ____，γ= ____

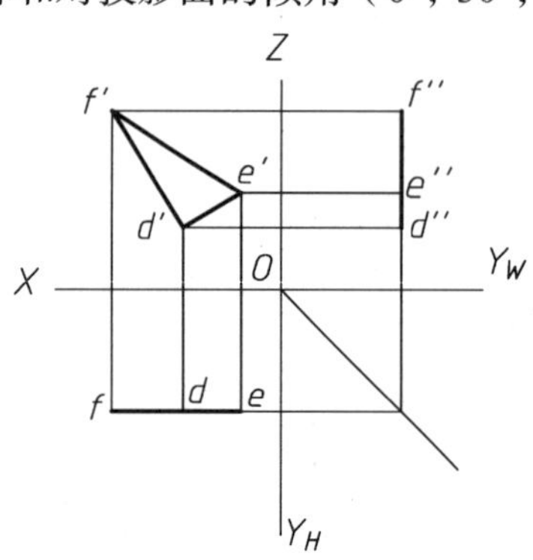

DEF 是 ________ 面

α= ____，β= ____，γ= ____

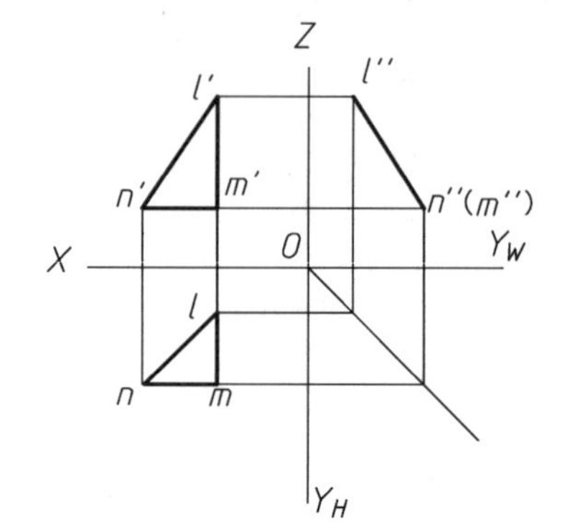

LMN 是 ________ 面

α= ____，β= ____，γ= ____

2. 判断点 K 和直线 DB 是否属于给定的平面。

（1）

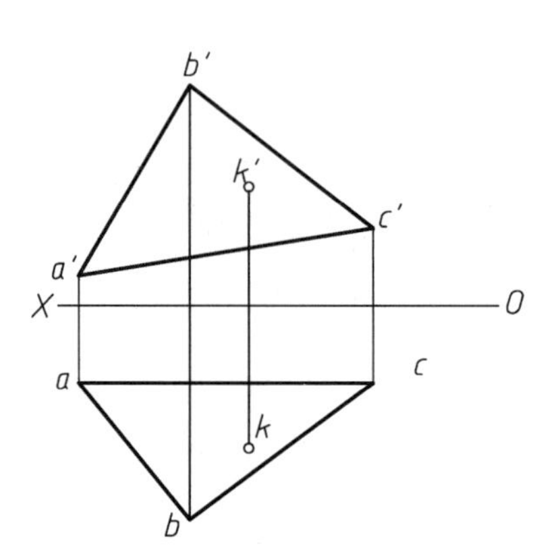

点 K ________ 平面上

（2）

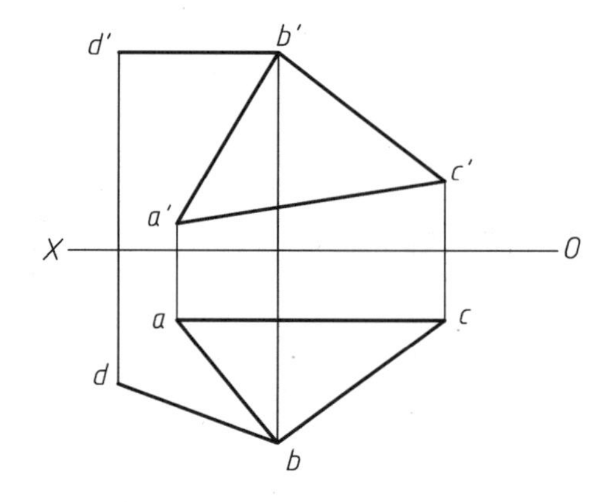

直线 DB ________ 平面上

　班级 ____________　姓名 ____________　学号 ____________

3. 已知点 *D* 在平面 *ABC* 上，求点 *D* 的 *H* 面投影。

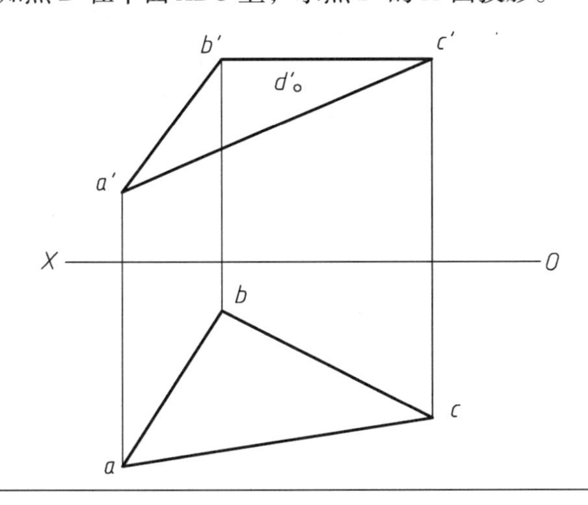

4. 作平面 *ABCD* 上图形 *DEF* 的水平投影。

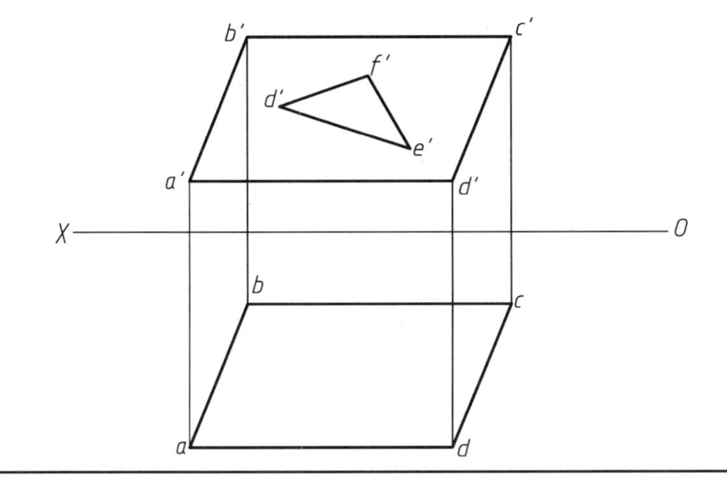

5. 在△*ABC* 内作距 *V* 面 24 mm 的正平线的两面投影。

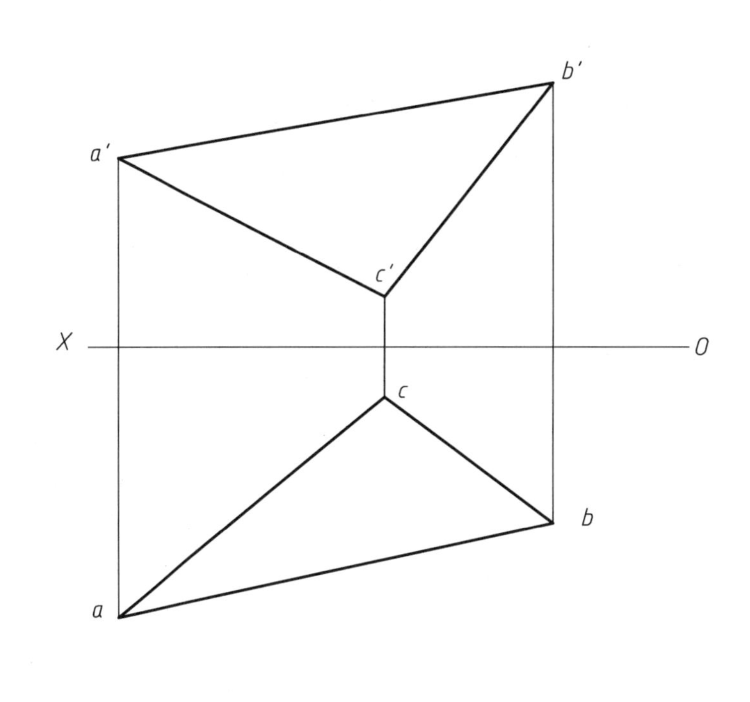

班级 ______________　姓名 ______________　学号 ______________

6. 完成平面四边形 *ABCD* 的正面投影。

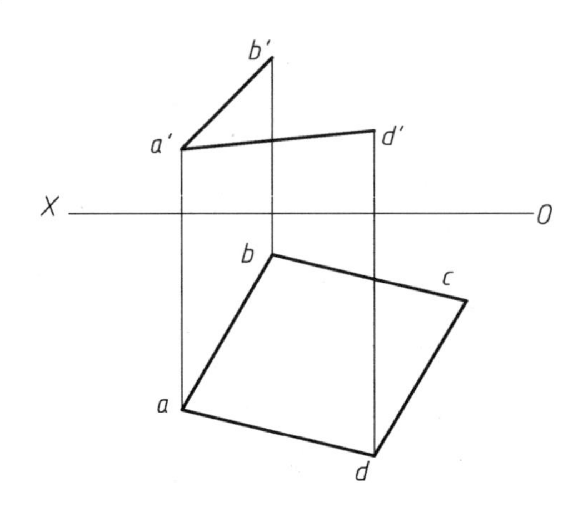

7. 作平面图形的水平投影。

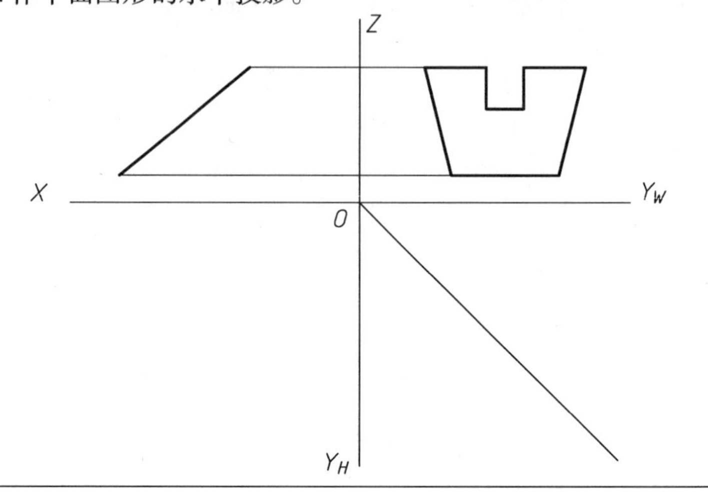

8. 作平面图形的水平投影。

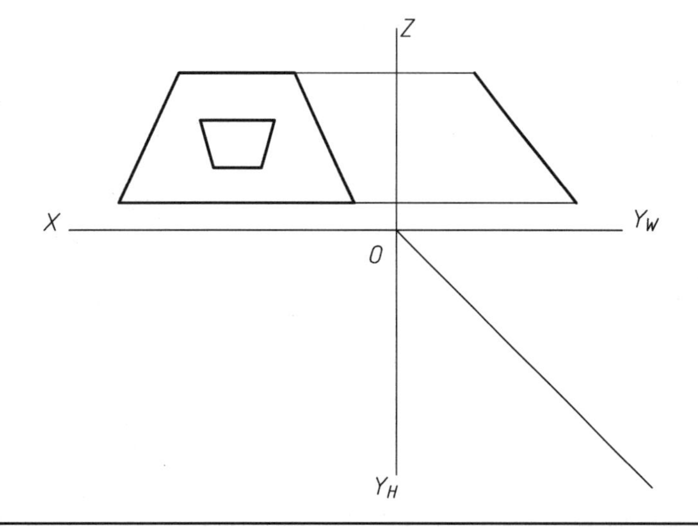

　班级＿＿＿＿＿＿＿＿　姓名＿＿＿＿＿＿＿＿　学号＿＿＿＿＿＿＿＿

9. 在平面 *ABC* 上作正平线 *EF* 和水平线 *GH*，其中 *EF* 在 *V* 面之前 18 mm，*GH* 在 *H* 面之上 15 mm。

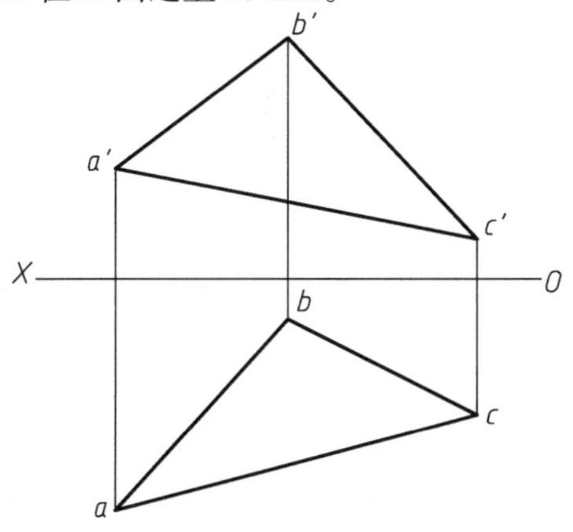

10. 补全平面图形 *ABCDE* 的两面投影。

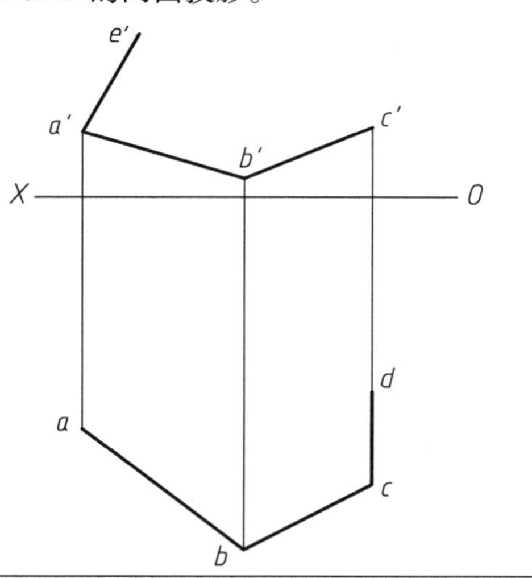

11. 根据已知条件作出直线 *EF* 的两面投影。

（1）过已知点 *E* 作 *EF* 平行于平面 *ABC*。

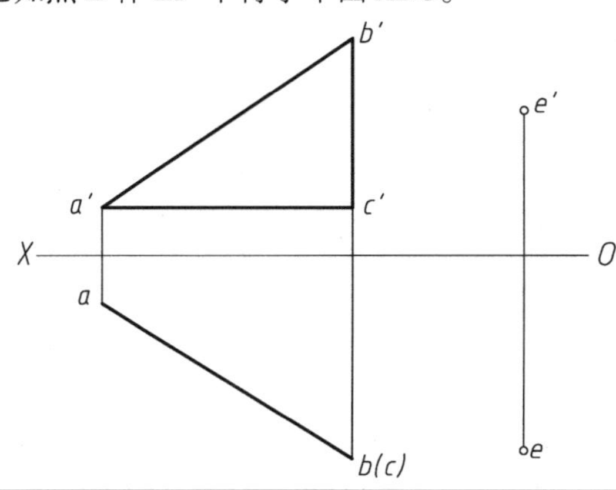

（2）过已知点 *E* 作一条正平线 *EF*，且 *EF* 平行于平面 *ABCD*。

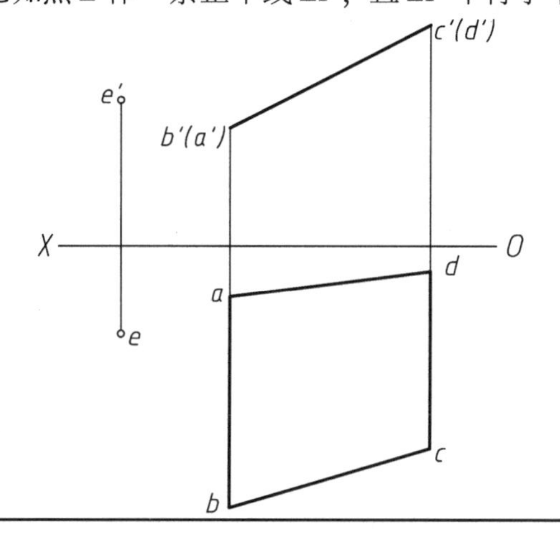

班级＿＿＿＿＿＿＿　姓名＿＿＿＿＿＿＿　学号＿＿＿＿＿＿＿

能力拓展

1. 作直线 EF 与直线 CD 平行，并与直线 AB 交于点 K，且 $AK:KB=2:3$。

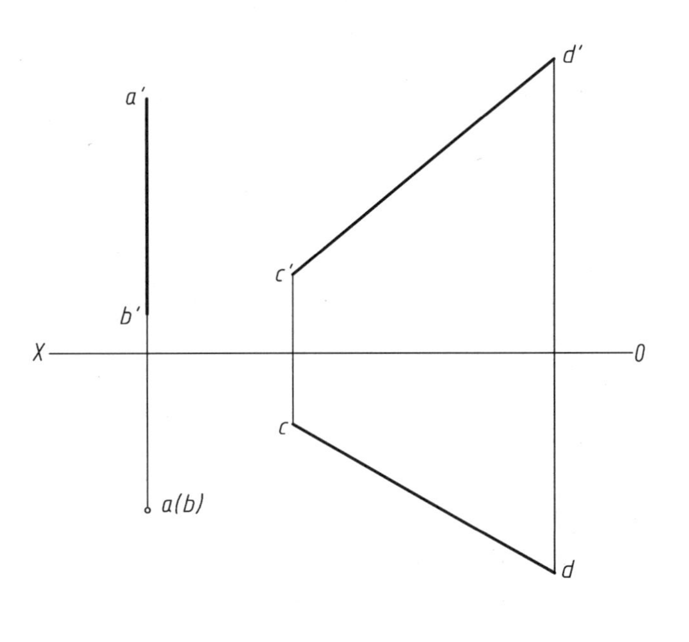

2. 在△ABC 上作出与 V、W 投影面等距离，与 H 投影面距离为 15 mm 的点 K 的两面投影。

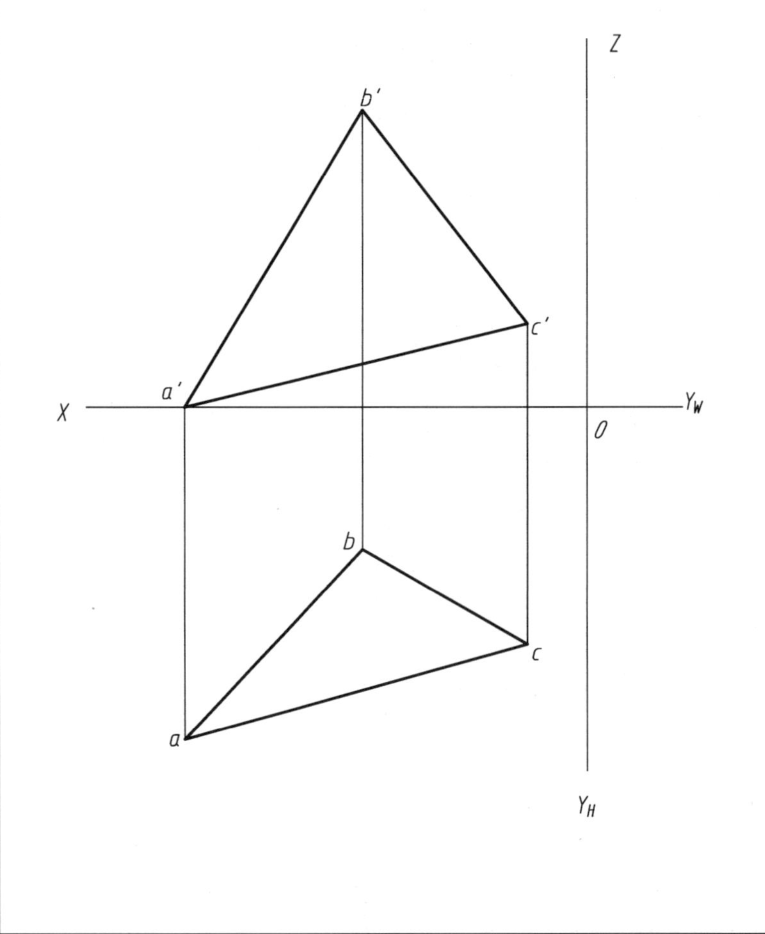

 班级________ 姓名________ 学号________

能力拓展

3. 已知平面△*ABC* 的两面投影和面上点 *E* 的 *V* 面投影，在平面内求作一直线 *EF*，使 *EF* 与 *AB* 平行。

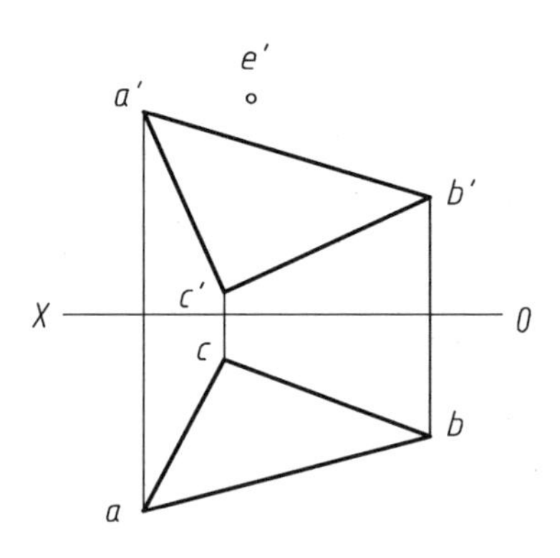

4. 已知正方形 *ABCD* 为正垂面，其对角线为 *AC*，完成该正方形的水平投影和侧面投影。

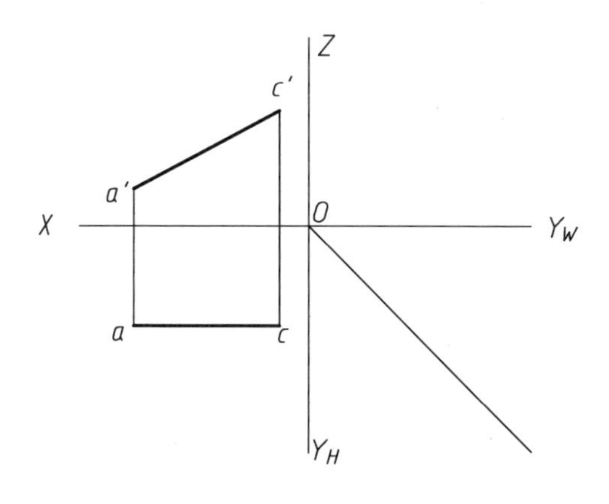

5. 在平面△*ABC* 内确定点 *K*，使点 *K* 距 *H* 面 15 mm，距 *V* 面 18 mm。

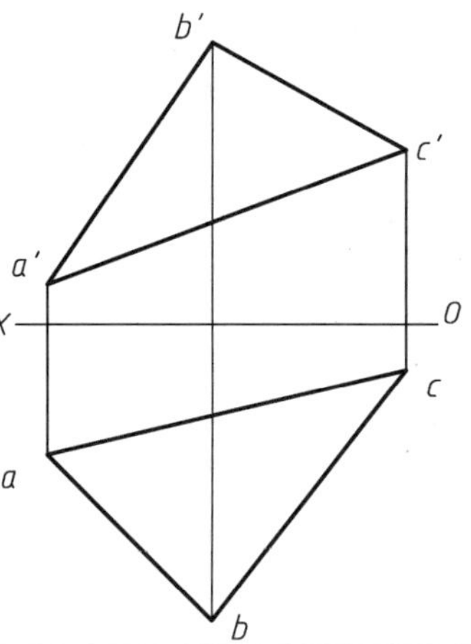

6. 已知平面 *ABCD* 的 *BC* 边平行于水平面，完成 *ABCD* 的正面投影。

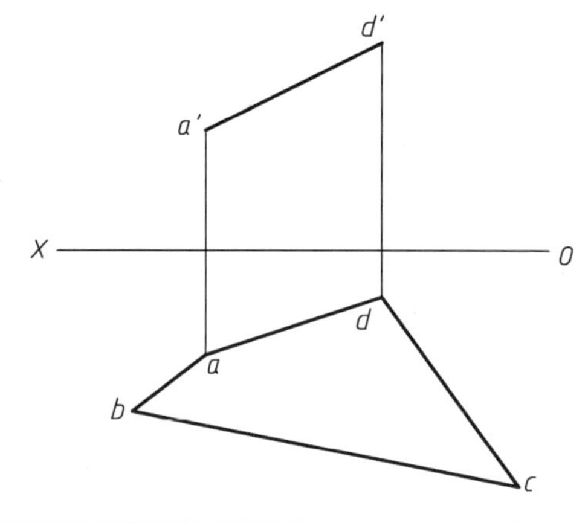

班级____________ 姓名____________ 学号____________

项目三　立体的投影

任务 1　立体的投影及其表面取点

1. 求六棱柱的侧面投影，并求其表面上点 A 和 B 的另外两个投影。

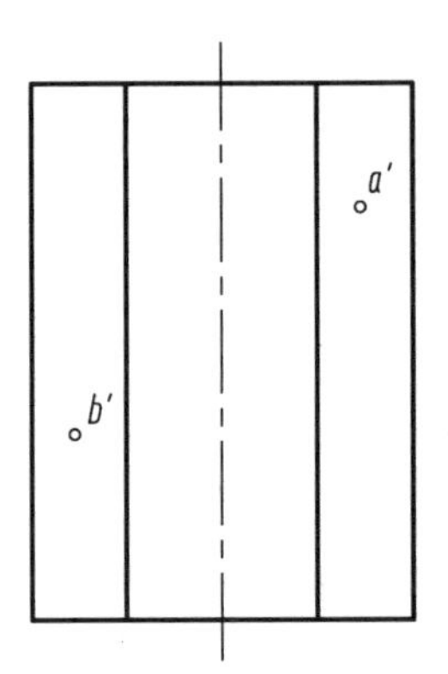

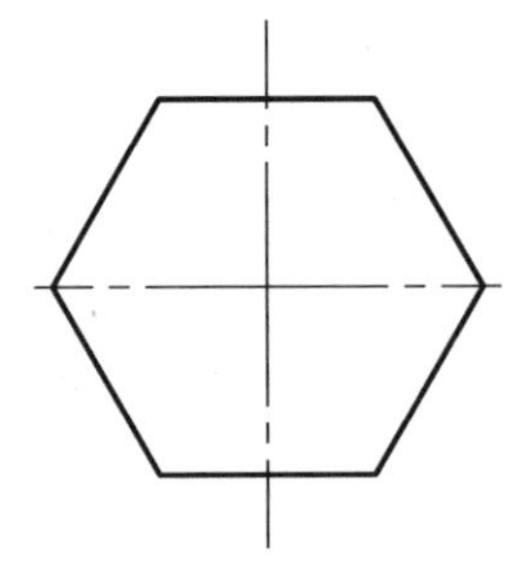

2. 求三棱椎的侧面投影，并求其表面上点 A、B、C 的另外两个投影。

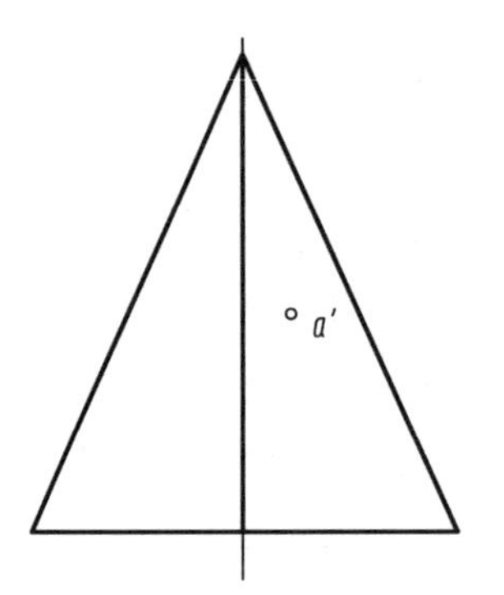

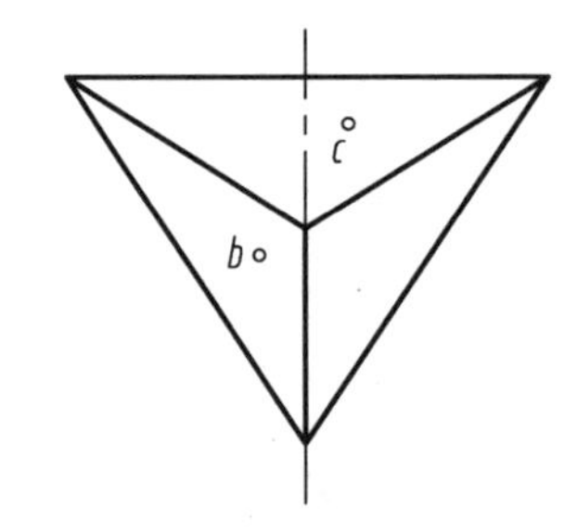

班级＿＿＿＿＿＿＿＿　姓名＿＿＿＿＿＿＿＿　学号＿＿＿＿＿＿＿＿

3. 已知圆柱表面上点 A、B、C、D、E、F 的一个投影，求另外两个投影。

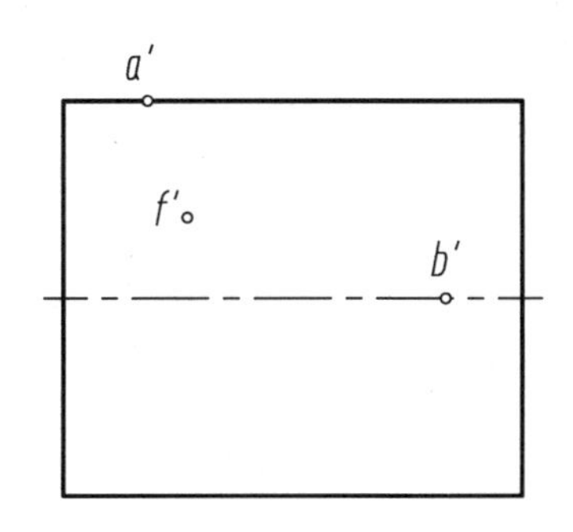

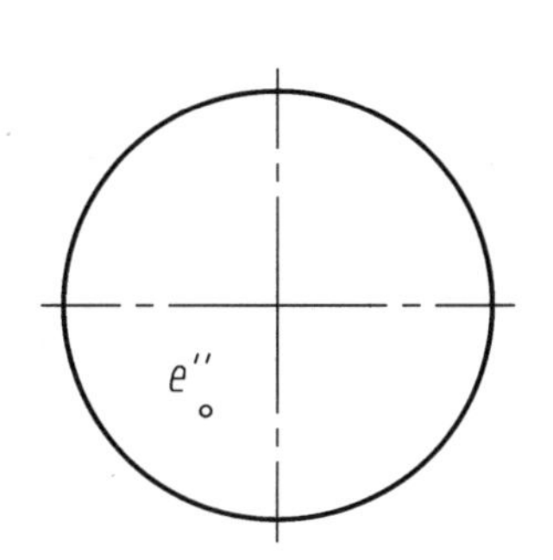

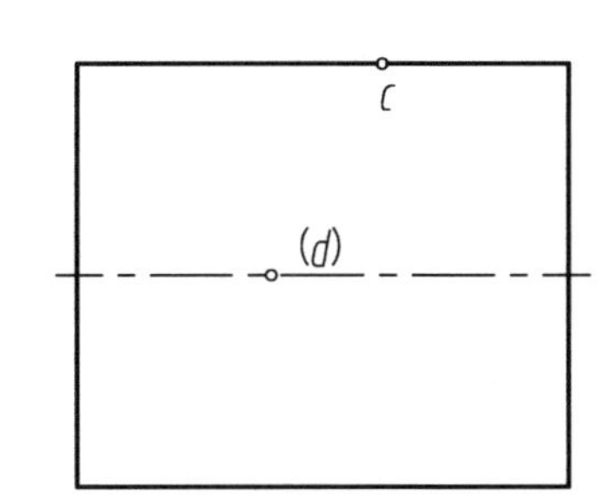

4. 已知圆锥表面上点 A、B、C、D、E 的一个投影，求另外两个投影。

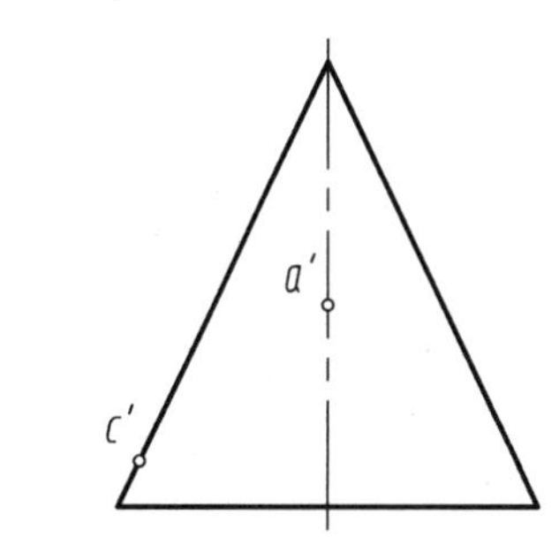

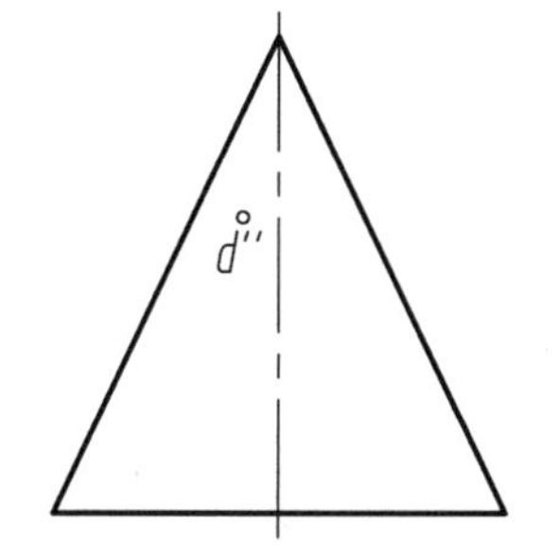

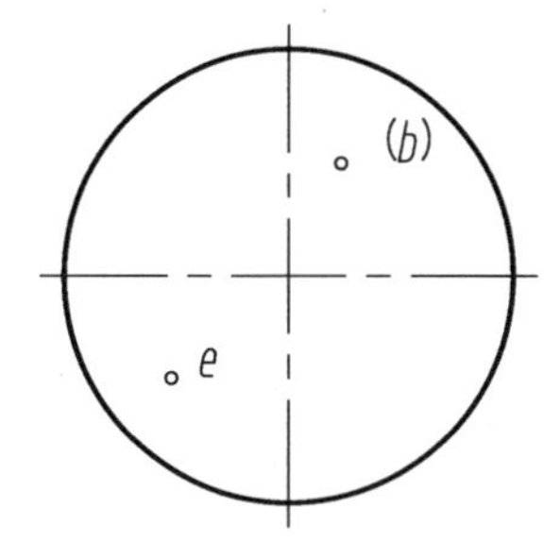

班级________　姓名________　学号________

5. 求球面上点或线的投影。

（1）已知球面上点 A、B、C、D 的一个投影，求另外两个投影。

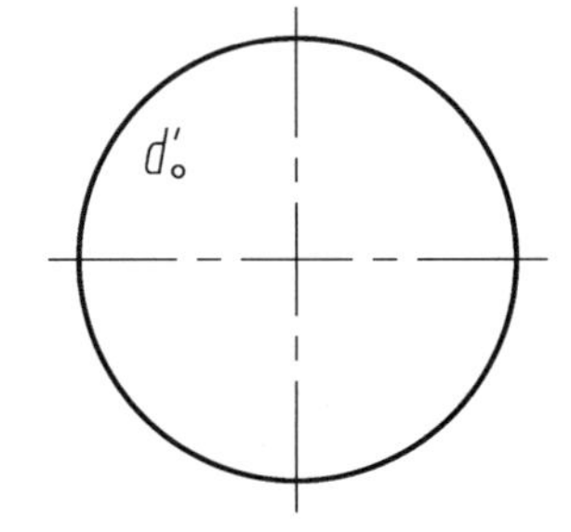

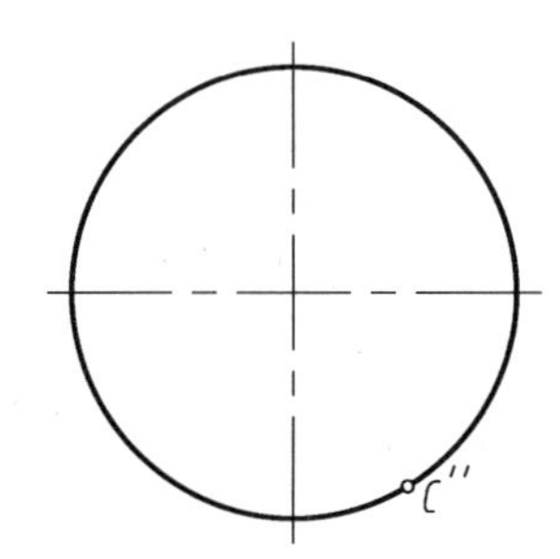

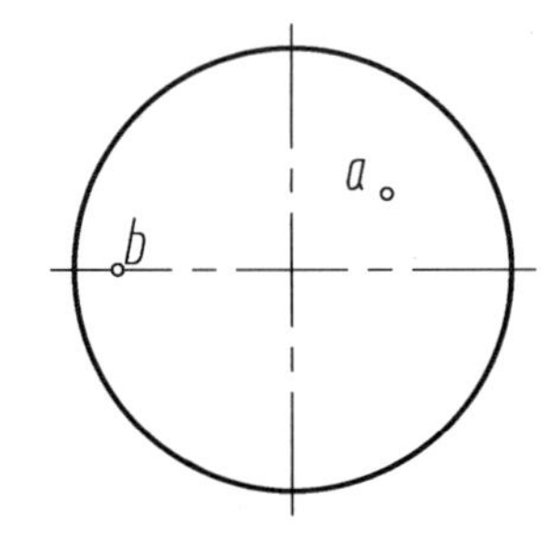

（2）已知球面上曲线的一个投影，求另外两个投影。

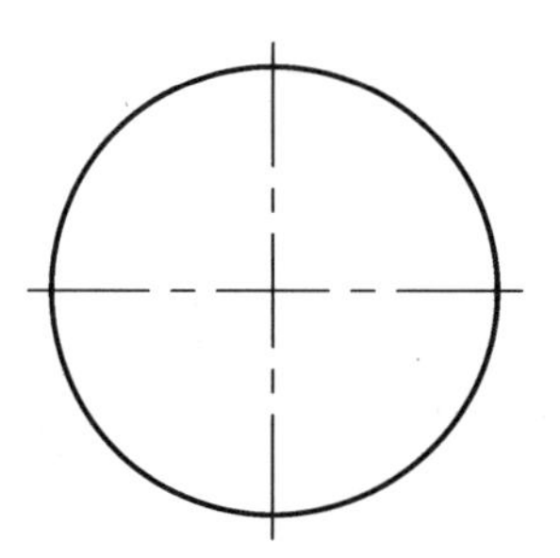

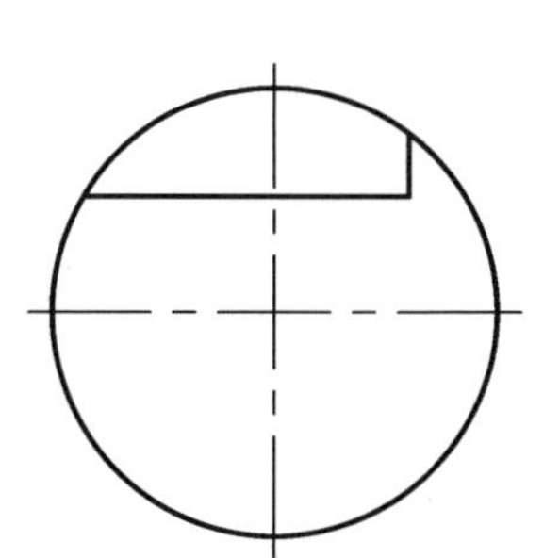

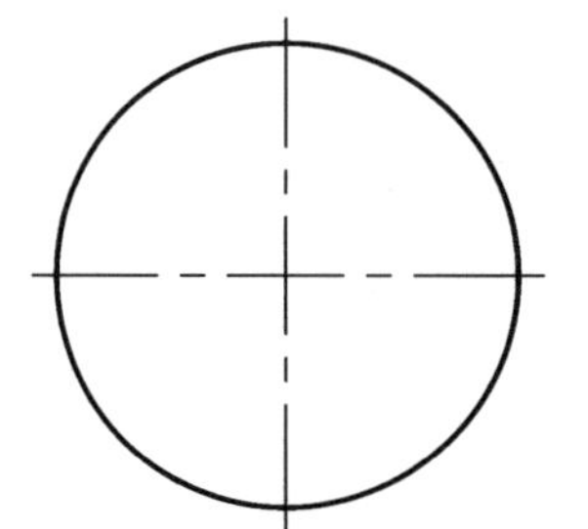

班级＿＿＿＿＿＿＿＿　姓名＿＿＿＿＿＿＿＿　学号＿＿＿＿＿＿＿＿

任务 2　截交线的画法

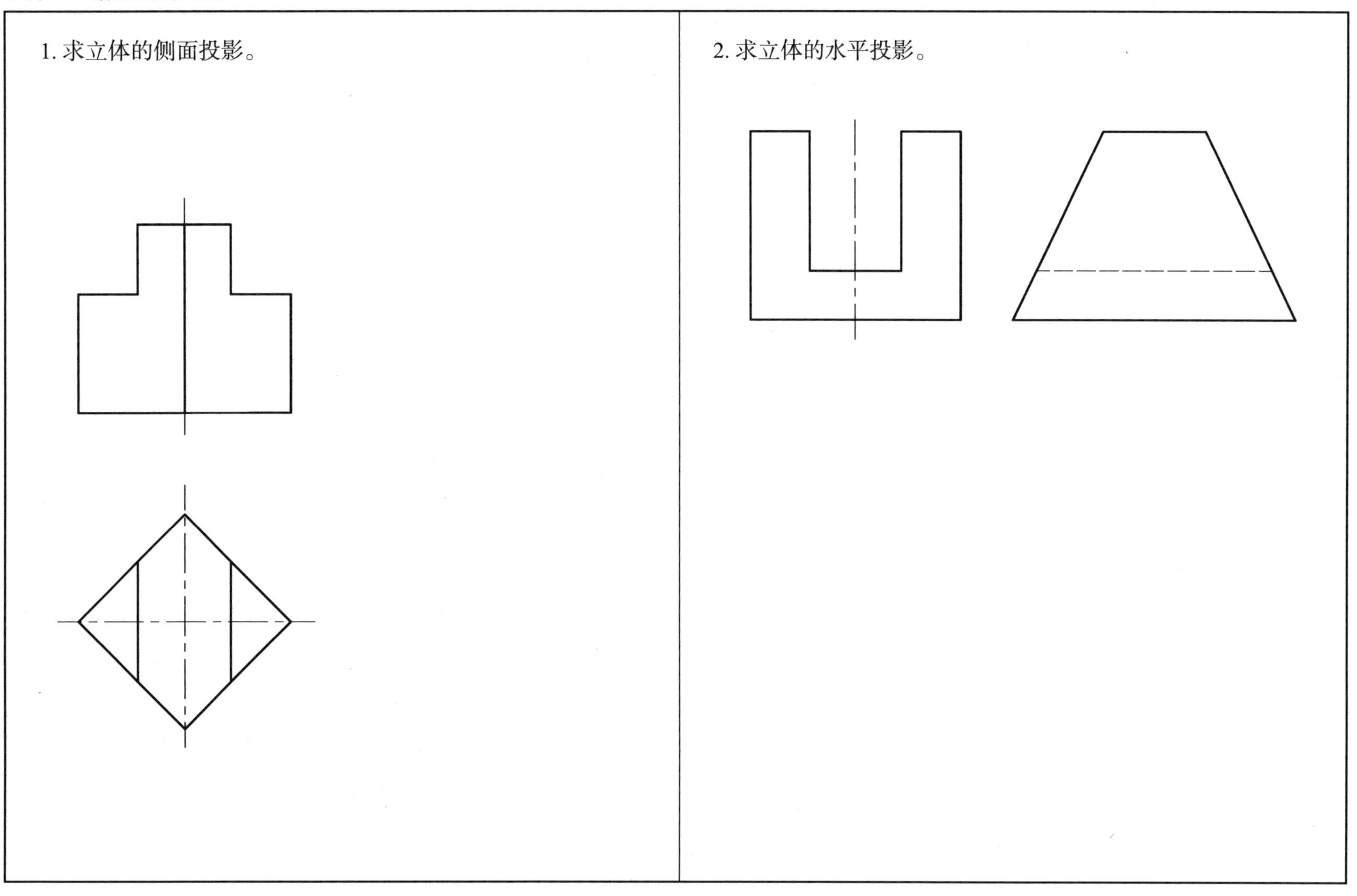

班级＿＿＿＿＿＿＿＿　姓名＿＿＿＿＿＿＿＿　学号＿＿＿＿＿＿＿＿

3. 完成六棱柱被截切后的水平投影，并求其侧面投影。

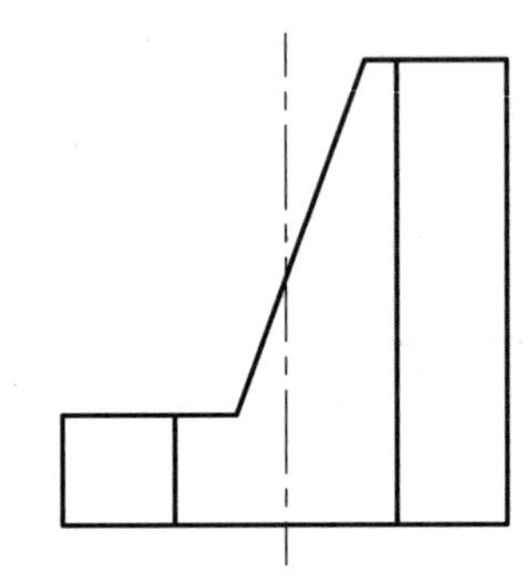

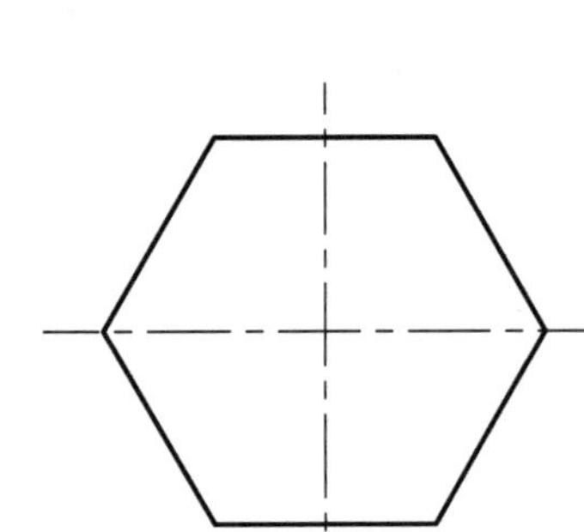

4. 完成立体的水平投影，并求其侧面投影。

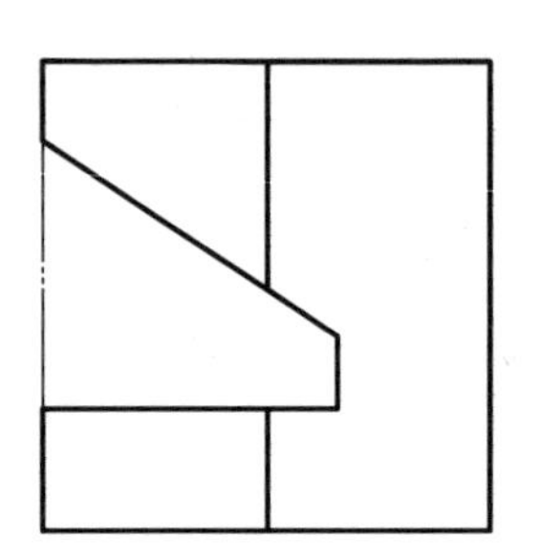

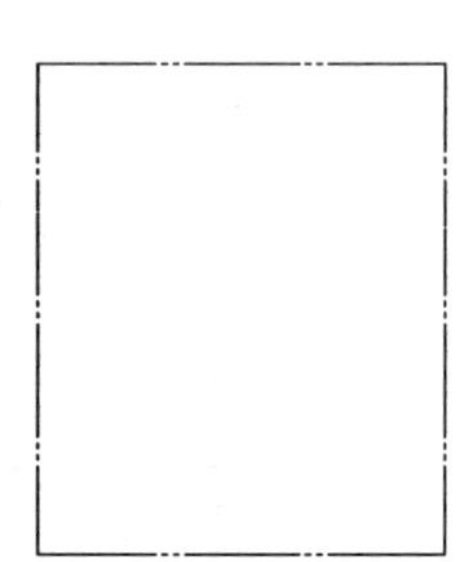

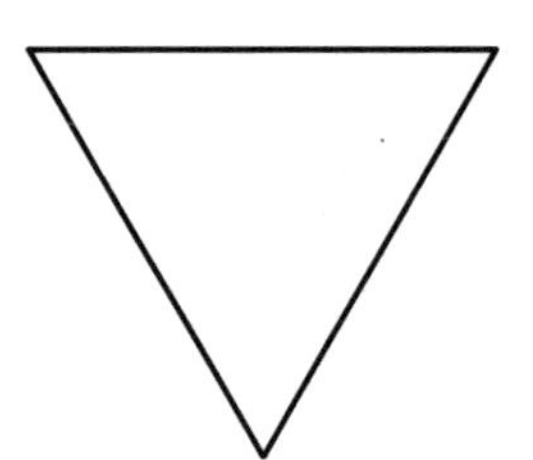

班级＿＿＿＿＿＿＿＿　姓名＿＿＿＿＿＿＿＿　学号＿＿＿＿＿＿＿＿

5. 求立体的侧面投影。

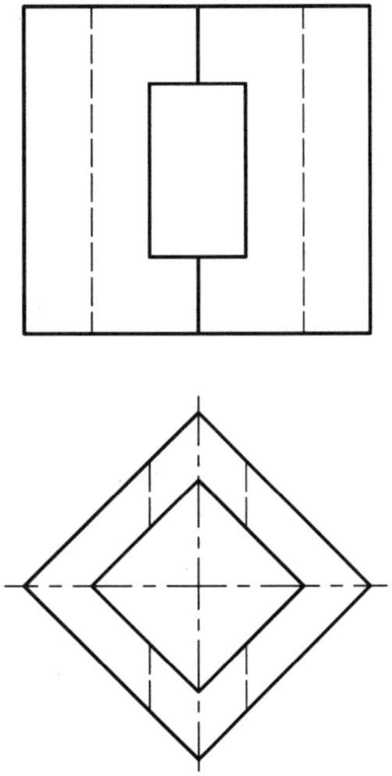

6. 求立体的侧面投影。

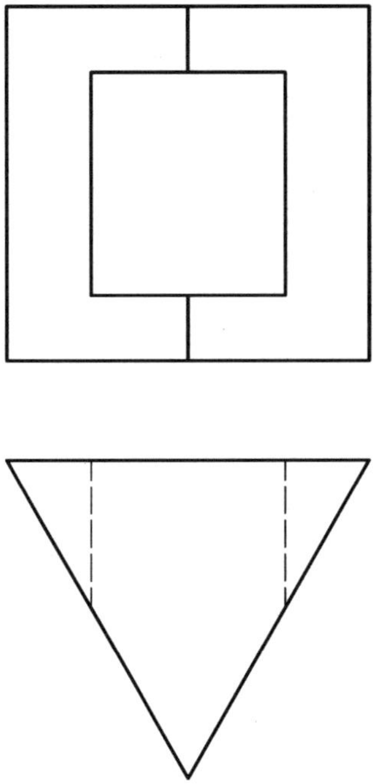

7. 求立体的水平投影。

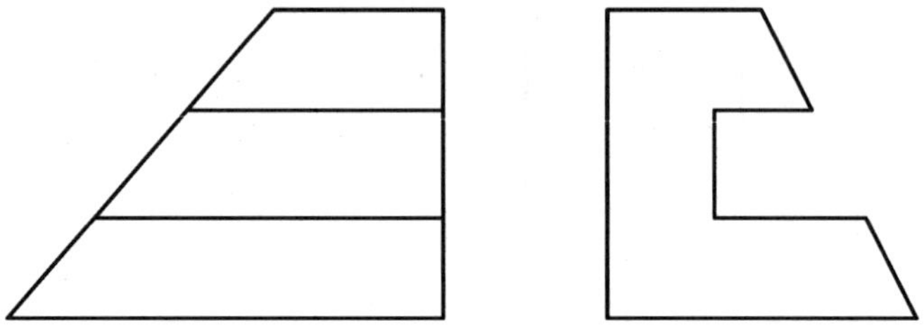

8. 完成立体的水平投影，并求其侧面投影。

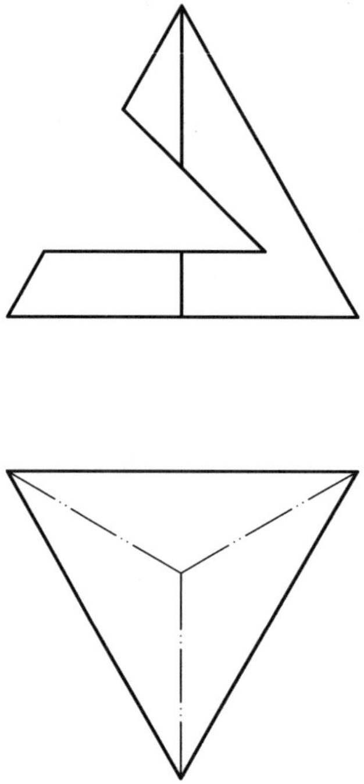

班级＿＿＿＿＿＿　姓名＿＿＿＿＿＿　学号＿＿＿＿＿＿

9. 完成立体的水平投影，并求其侧面投影。

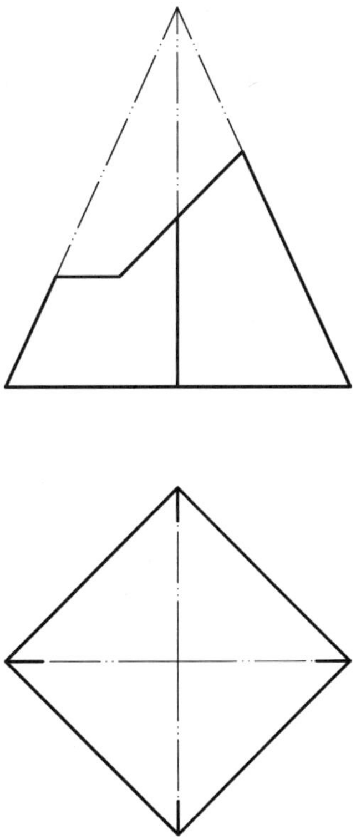

10. 完成三棱锥被截切后的水平投影，并求其侧面投影。

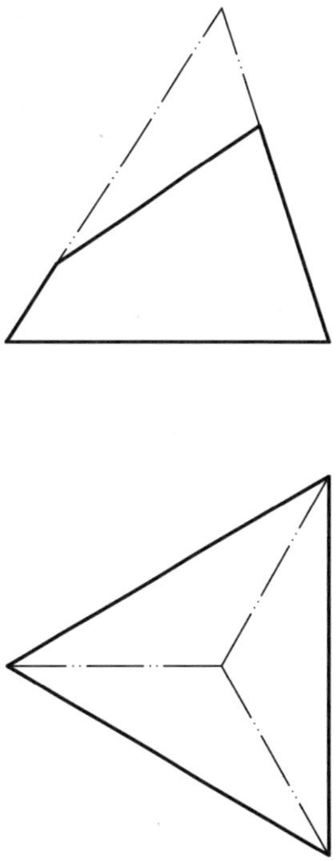

班级 ____________　姓名 ____________　学号 ____________

11. 完成圆柱被截切后的水平投影，并求其侧面投影。

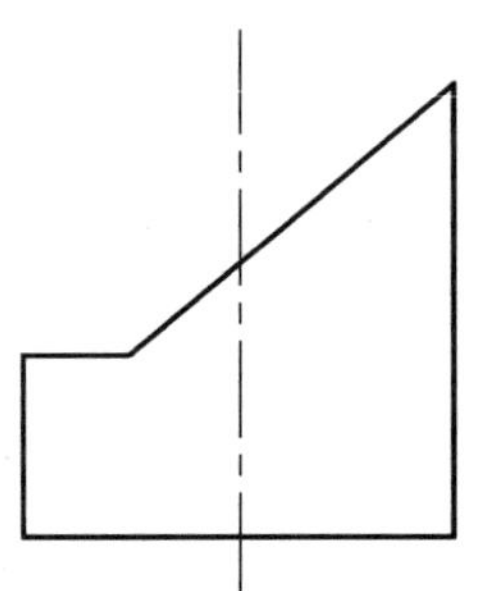

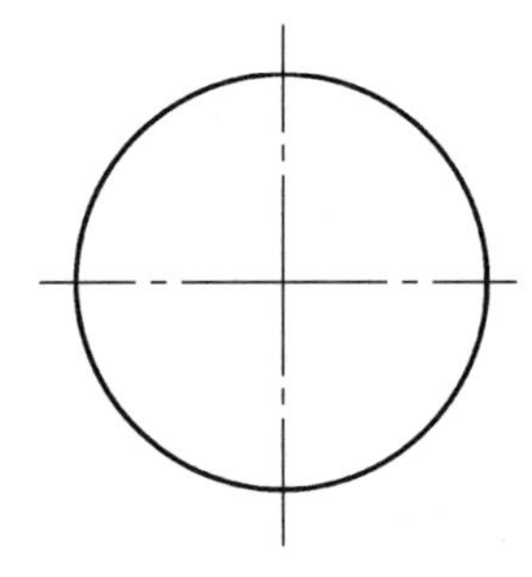

12. 求圆柱被截切后的侧面投影。

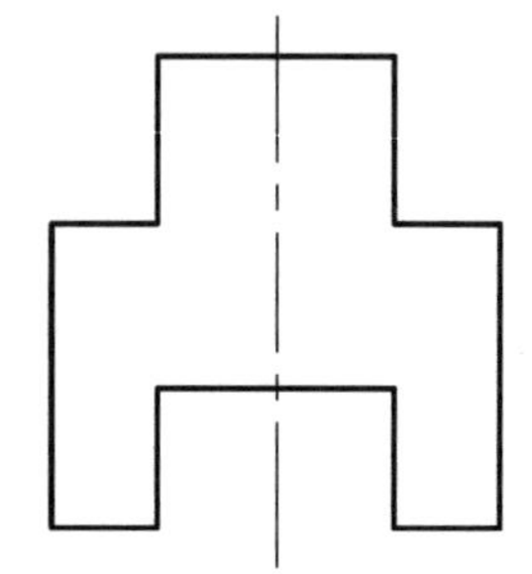

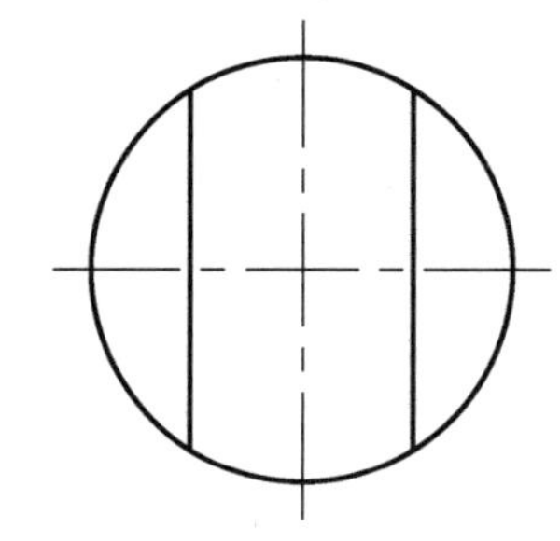

班级________________　姓名________________　学号________________

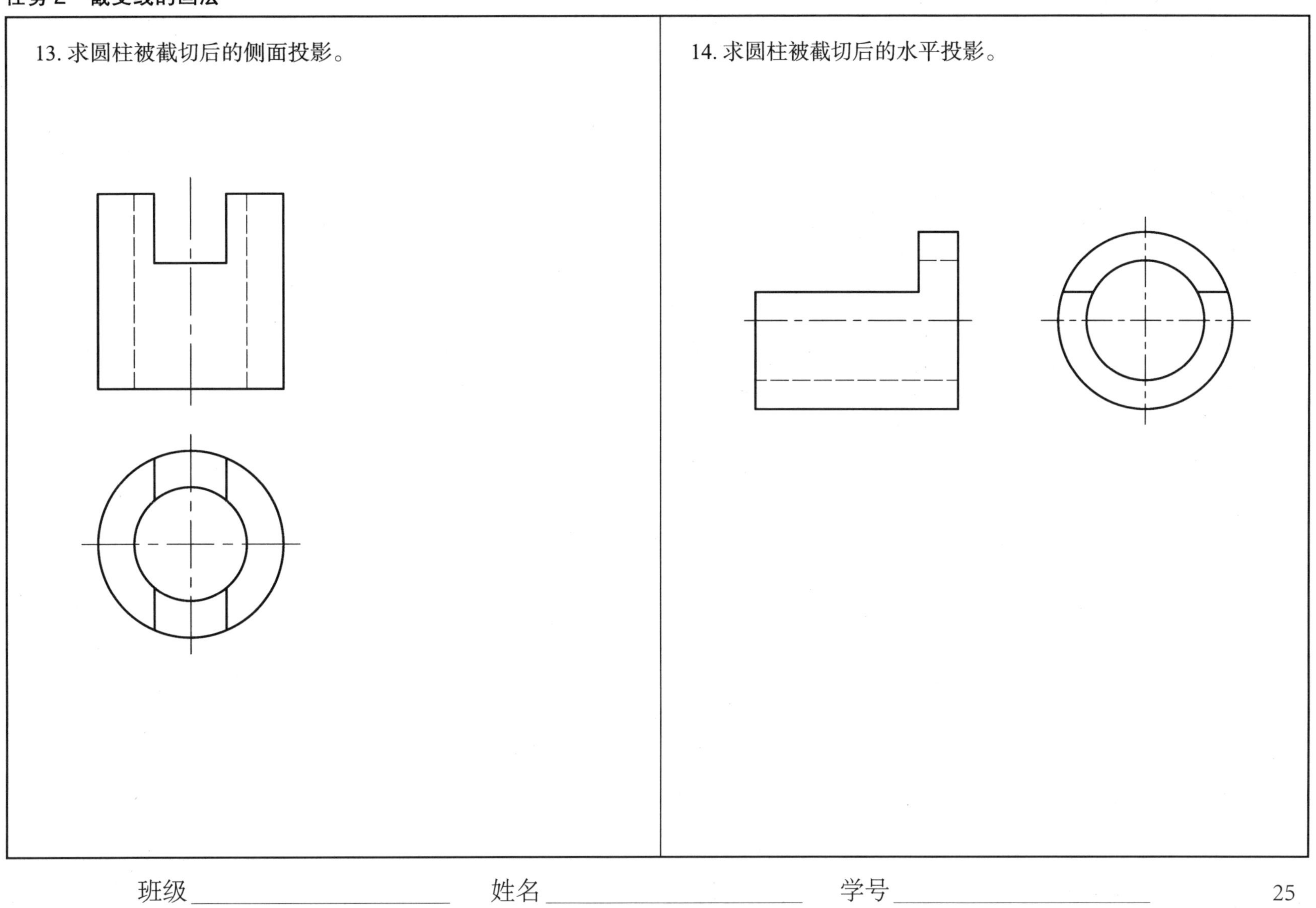

班级＿＿＿＿＿＿＿＿　姓名＿＿＿＿＿＿＿＿　学号＿＿＿＿＿＿＿＿

15. 求圆柱被截切后的水平投影。

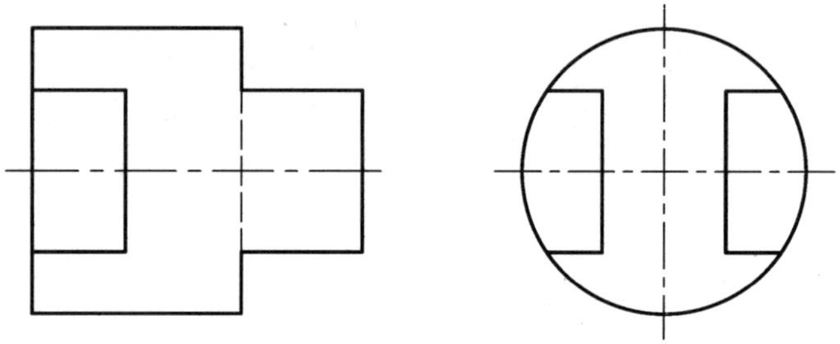

16. 完成圆锥被截切后的水平投影和侧面投影。

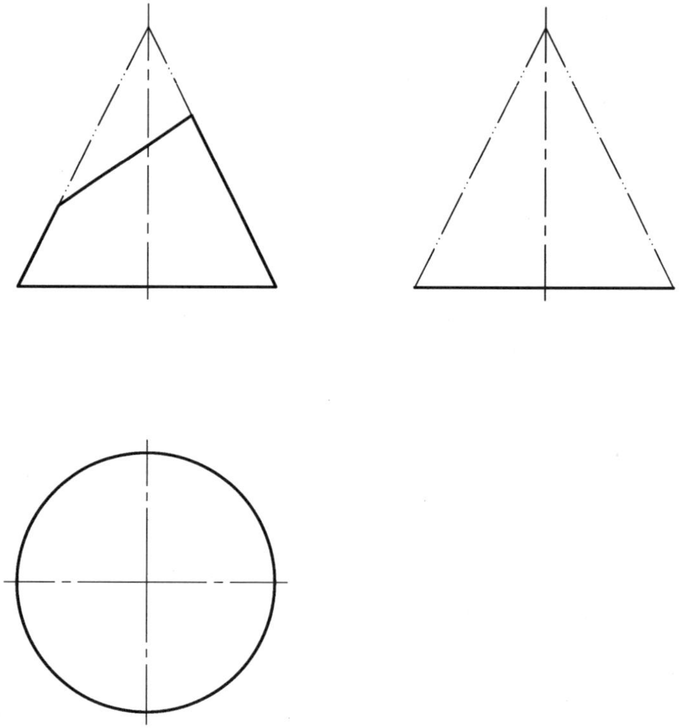

班级________ 姓名________ 学号________

17. 完成圆锥被截切后的水平投影和侧面投影。

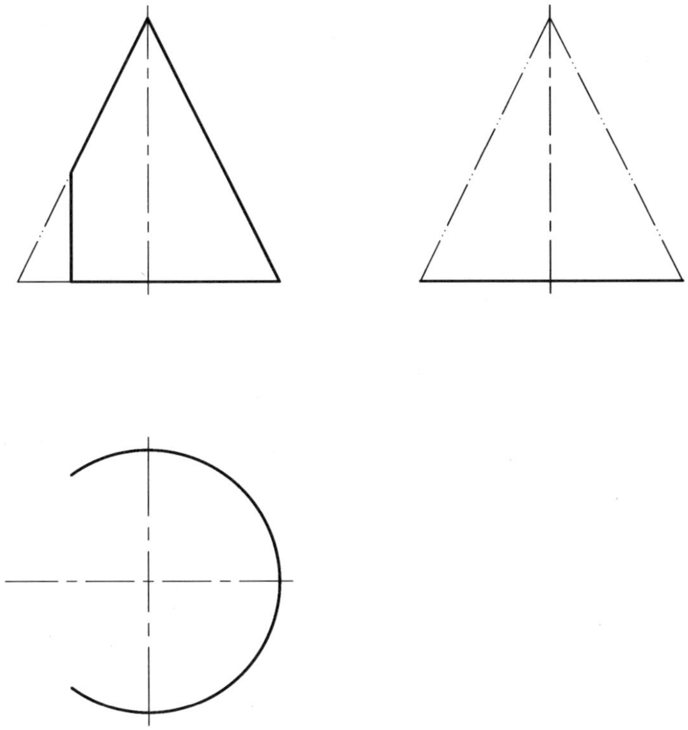

18. 完成圆锥被截切后的水平投影和侧面投影。

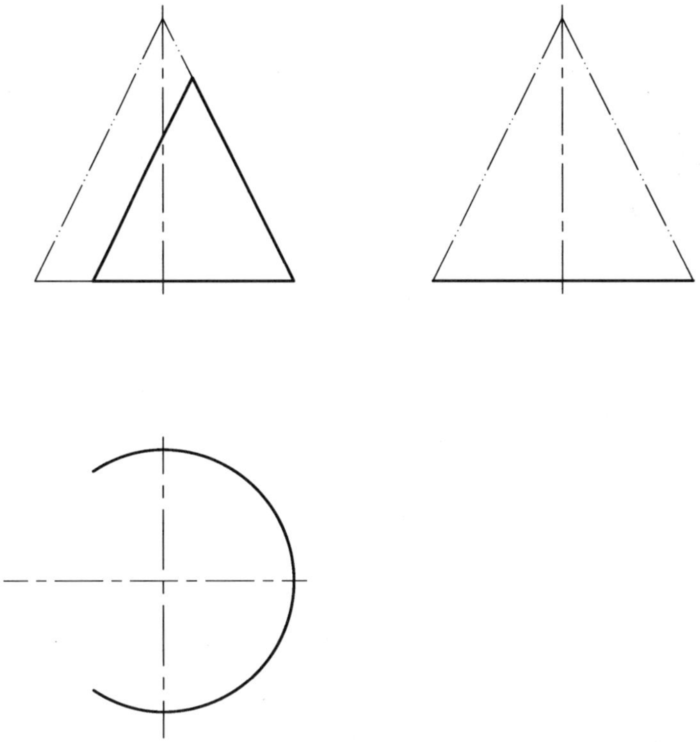

班级 ________ 姓名 ________ 学号 ________

19. 求圆锥被截切后的侧面投影。

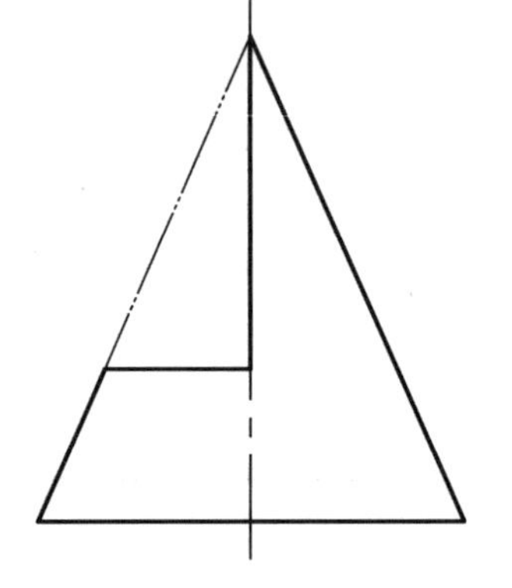

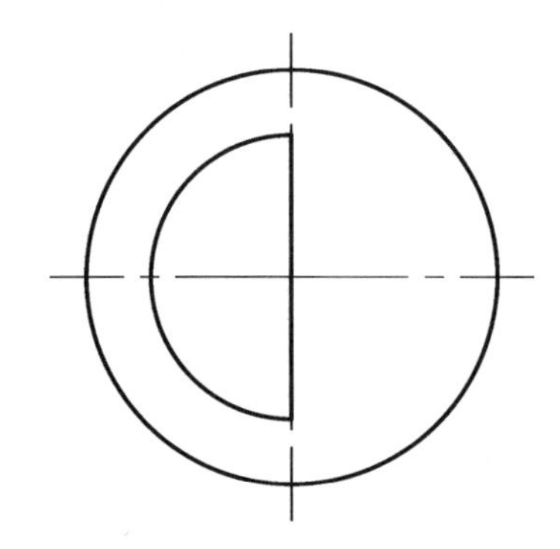

20. 完成圆锥被截切后的水平投影和侧面投影。

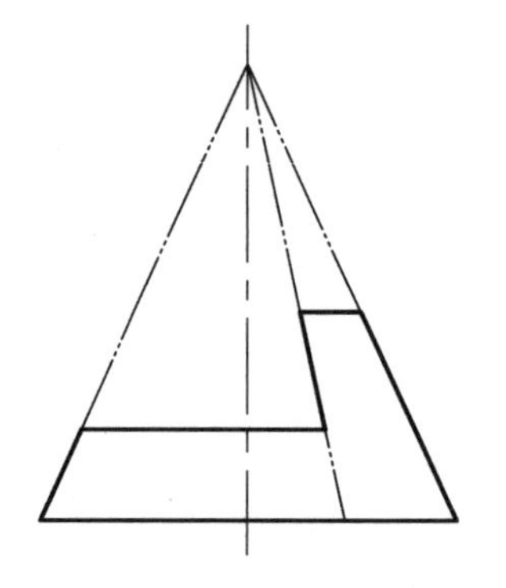

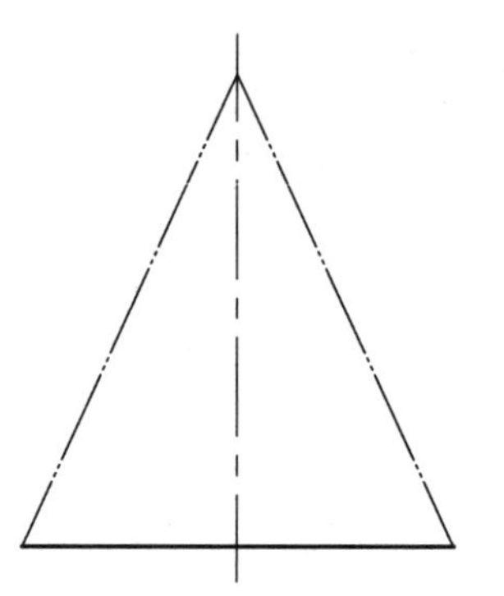

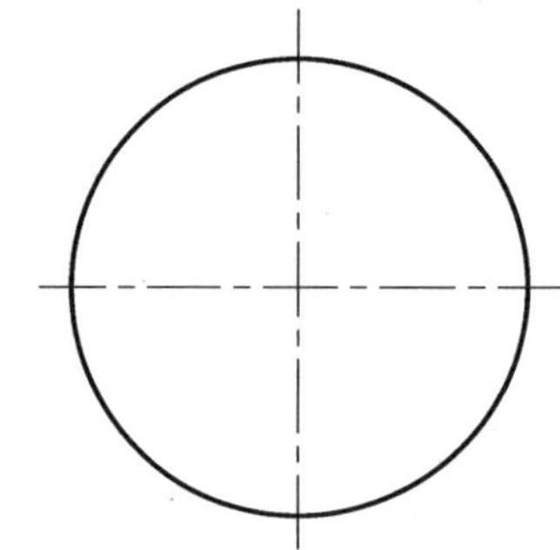

班级＿＿＿＿＿＿＿＿ 姓名＿＿＿＿＿＿＿＿ 学号＿＿＿＿＿＿＿＿

21. 补全半球被切割后的正面投影和侧面投影。

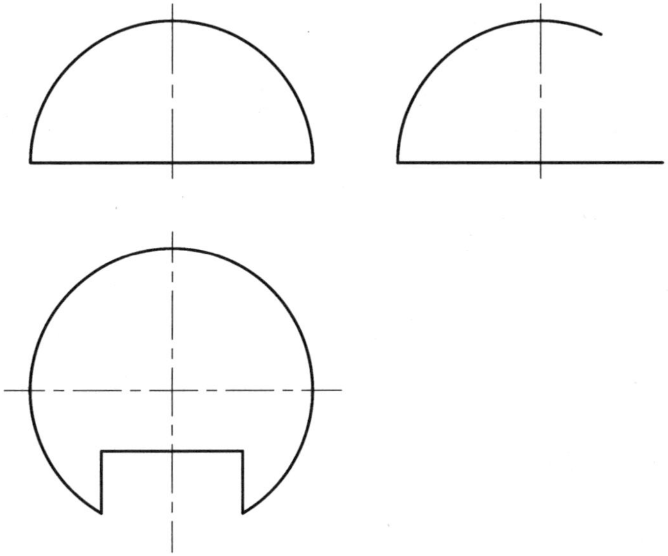

22. 补全半球被切割后的正面投影和水平投影。

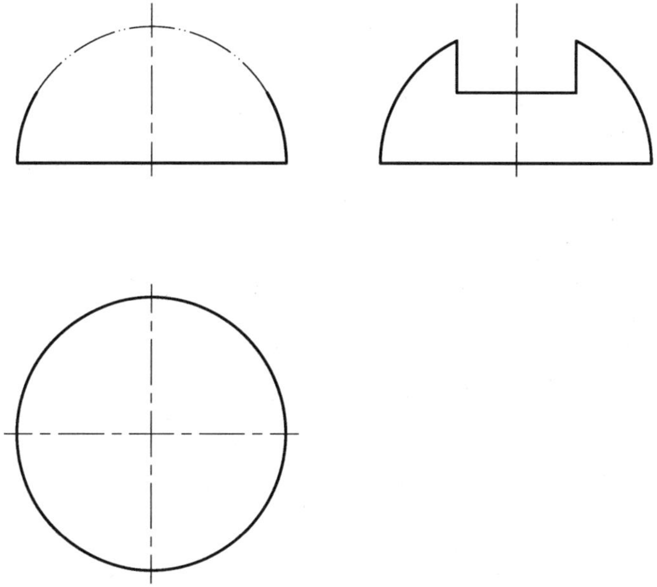

班级 ________ 姓名 ________ 学号 ________

23. 补全圆球被切割后的水平投影和侧面投影。

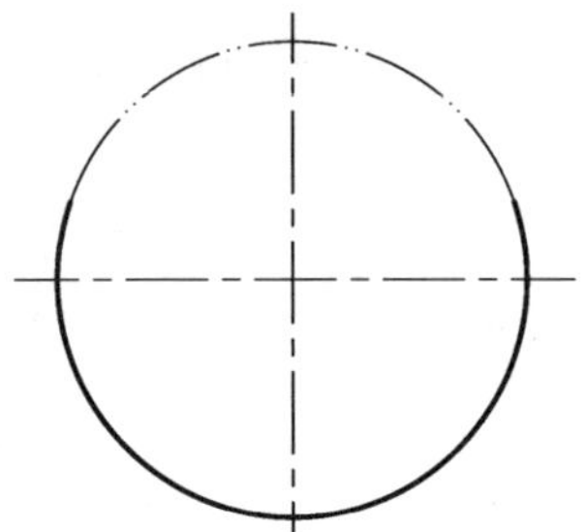

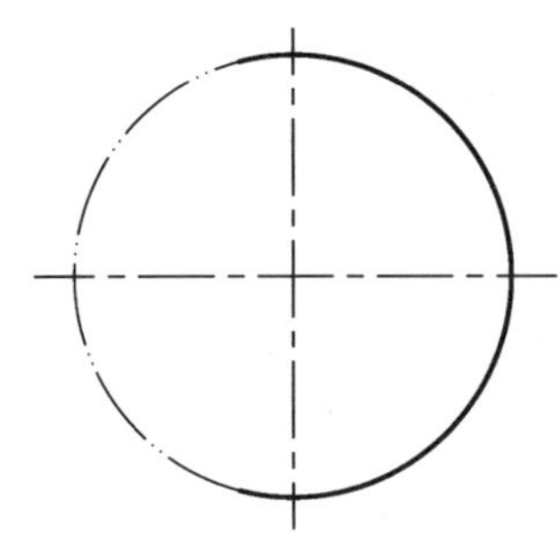

24. 补全半球被切割后的水平投影和侧面投影。

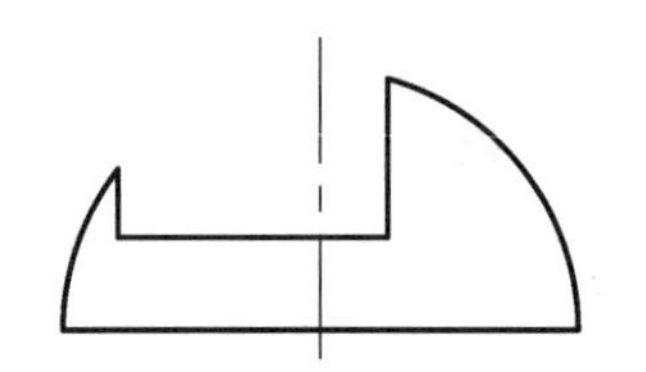

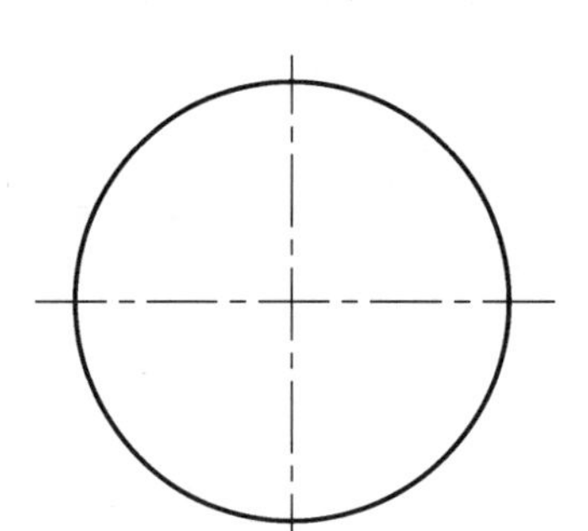

班级__________　姓名__________　学号__________

25. 补全半球被切割后的正面投影和侧面投影。

26. 补全半球被切割后的水平投影，并求其侧面投影。

27. 求立体的水平投影。

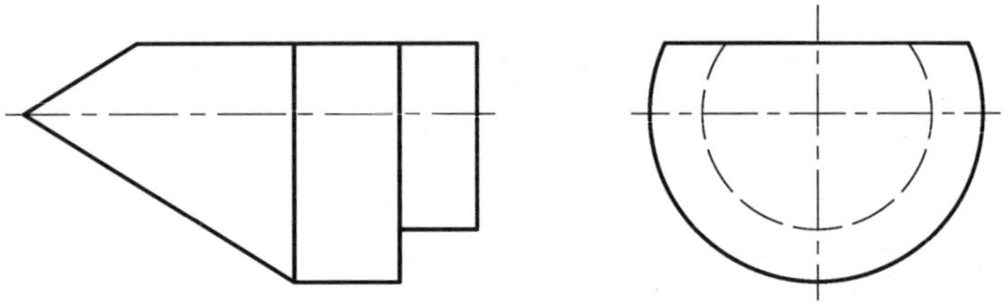

28. 补全立体的侧面投影。

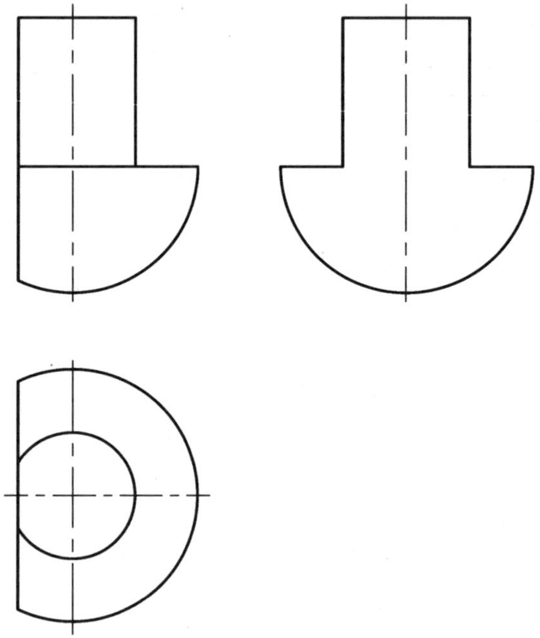

班级 ________ 姓名 ________ 学号 ________

任务 2　截交线的画法

29. 完成立体的水平投影和侧面投影。

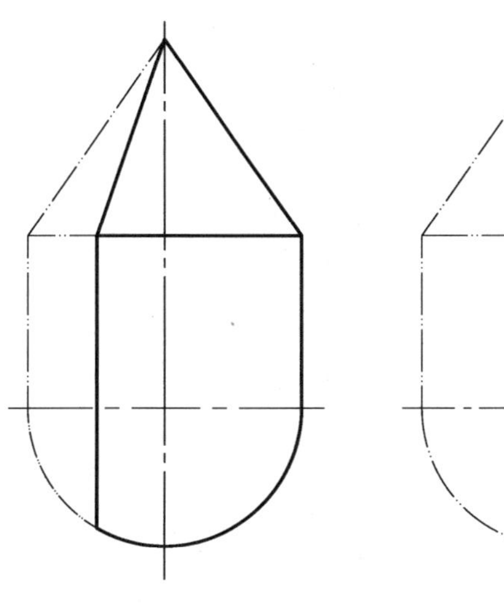

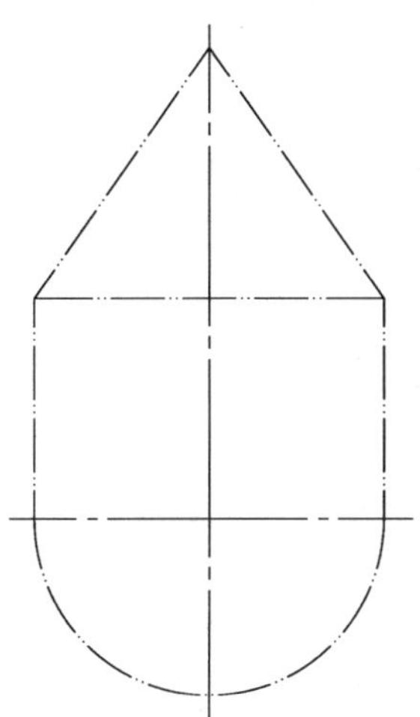

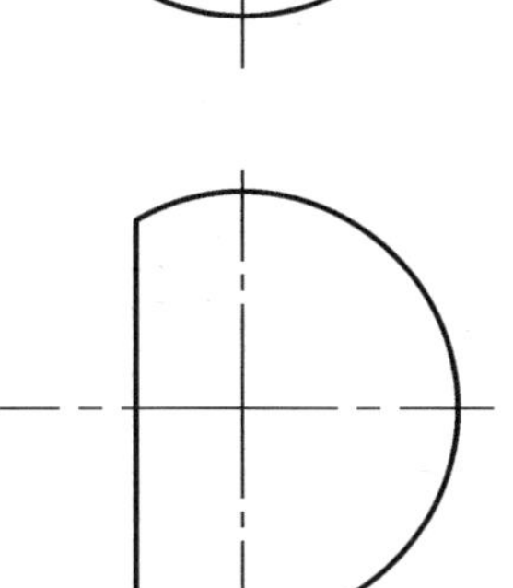

任务 3　相贯线的画法

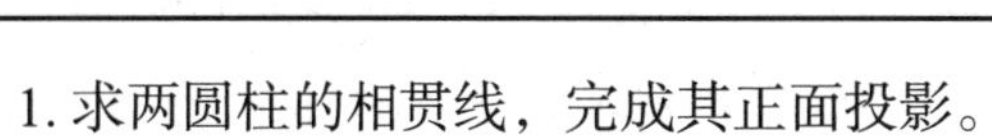

1. 求两圆柱的相贯线，完成其正面投影。

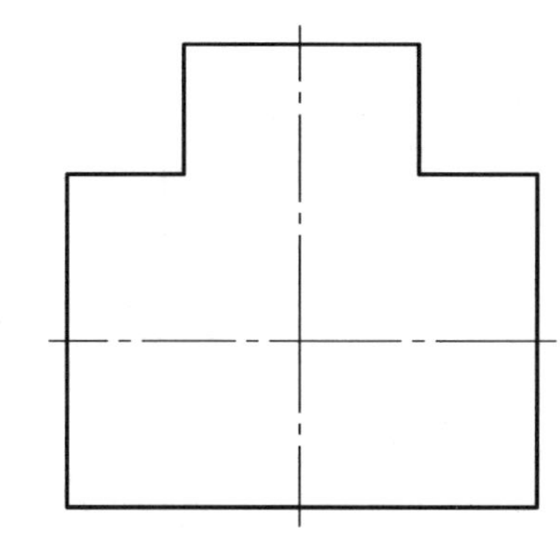

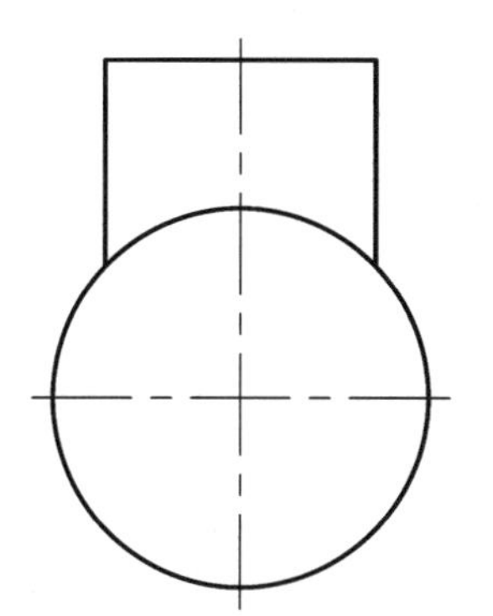

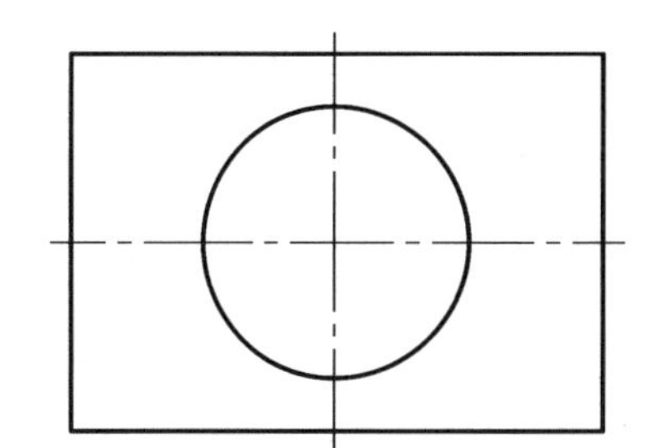

班级＿＿＿＿＿＿＿＿　姓名＿＿＿＿＿＿＿＿　学号＿＿＿＿＿＿＿＿

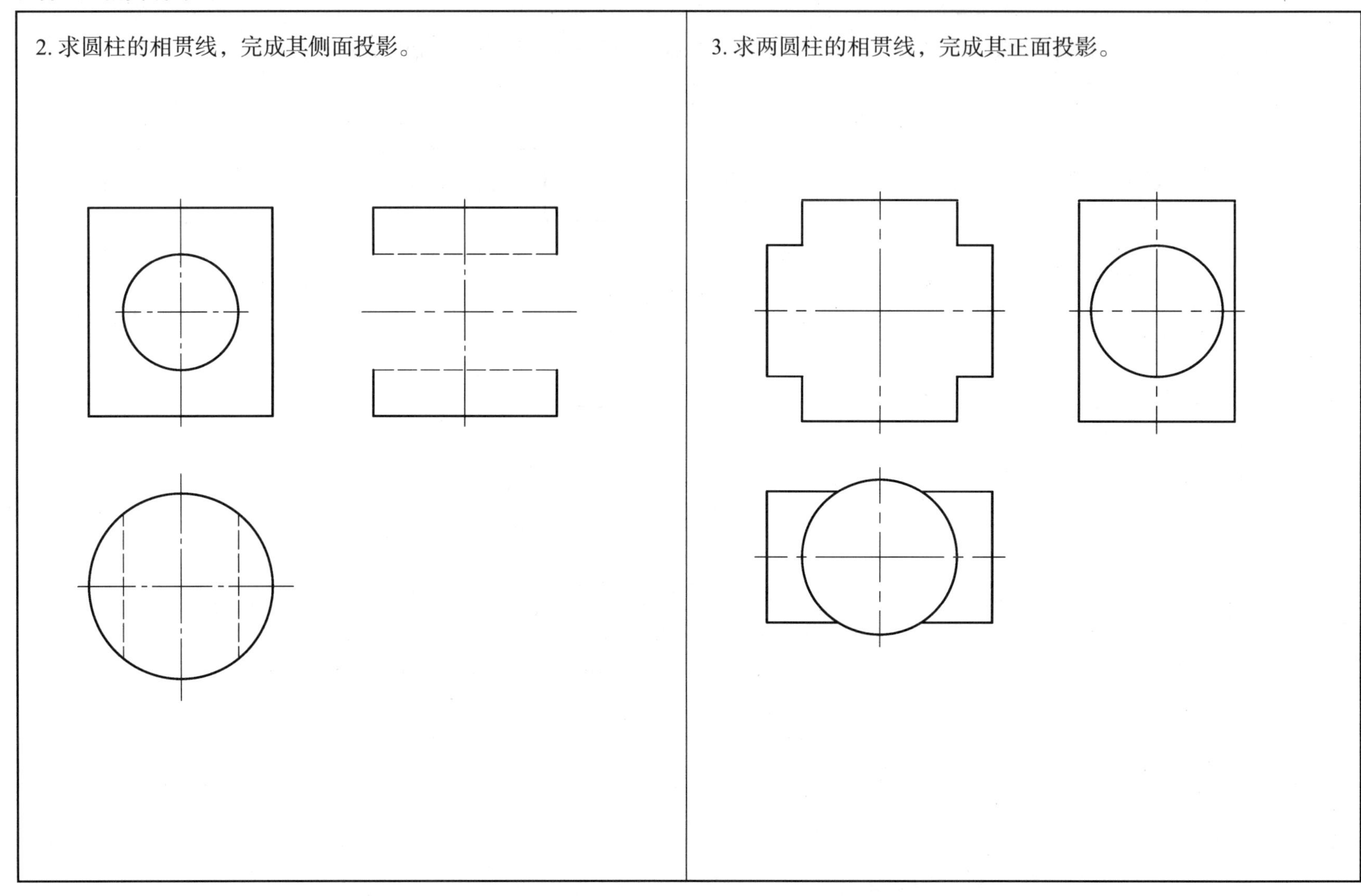

　班级＿＿＿＿＿＿　姓名＿＿＿＿＿＿　学号＿＿＿＿＿＿

4. 补全立体三面投影中所缺的图线。

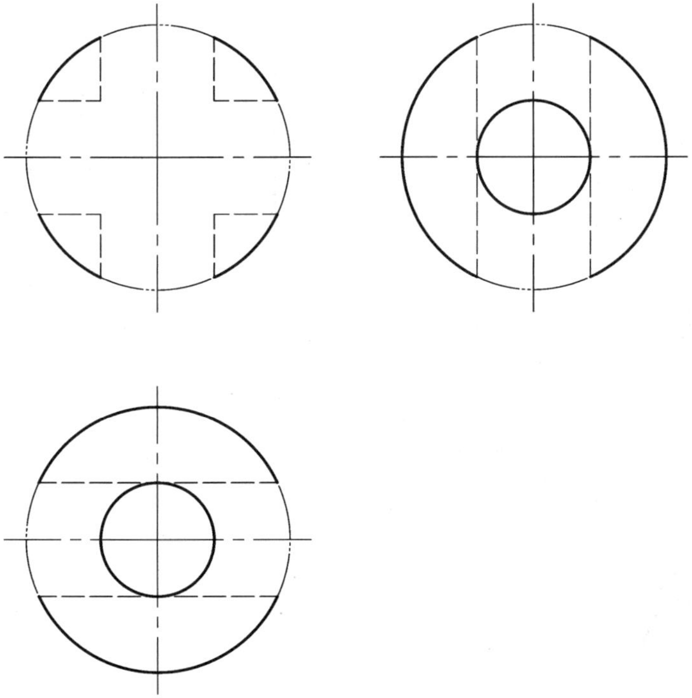

5. 补全立体正面投影中交线的投影。

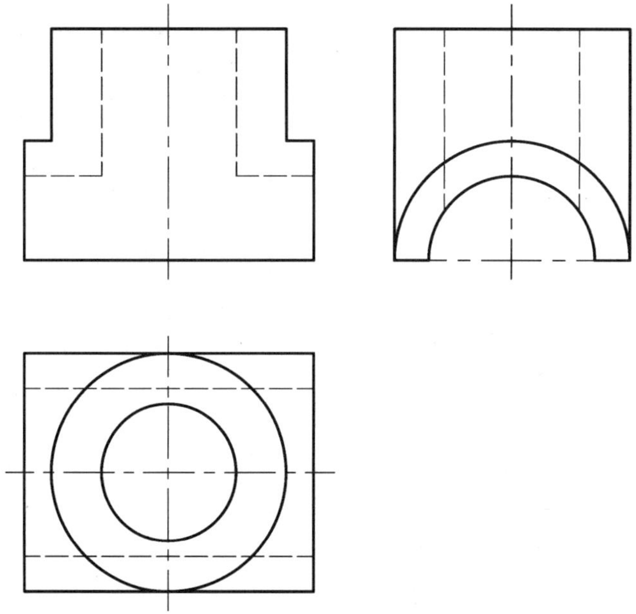

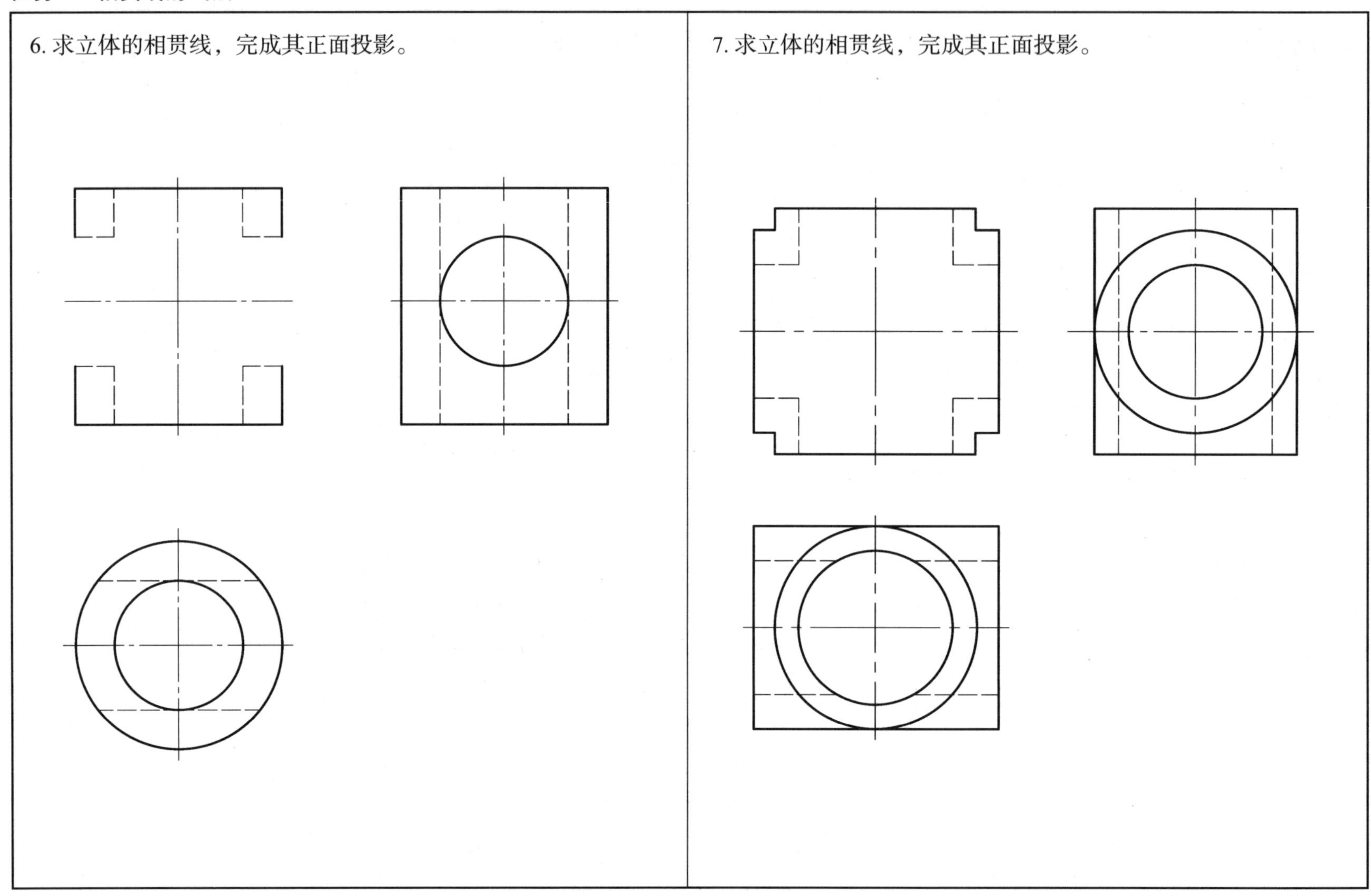

　　班级＿＿＿＿＿＿＿＿　　姓名＿＿＿＿＿＿＿＿　　学号＿＿＿＿＿＿＿＿

8. 完成立体的正面投影。

9. 完成立体的正面投影和水平投影。

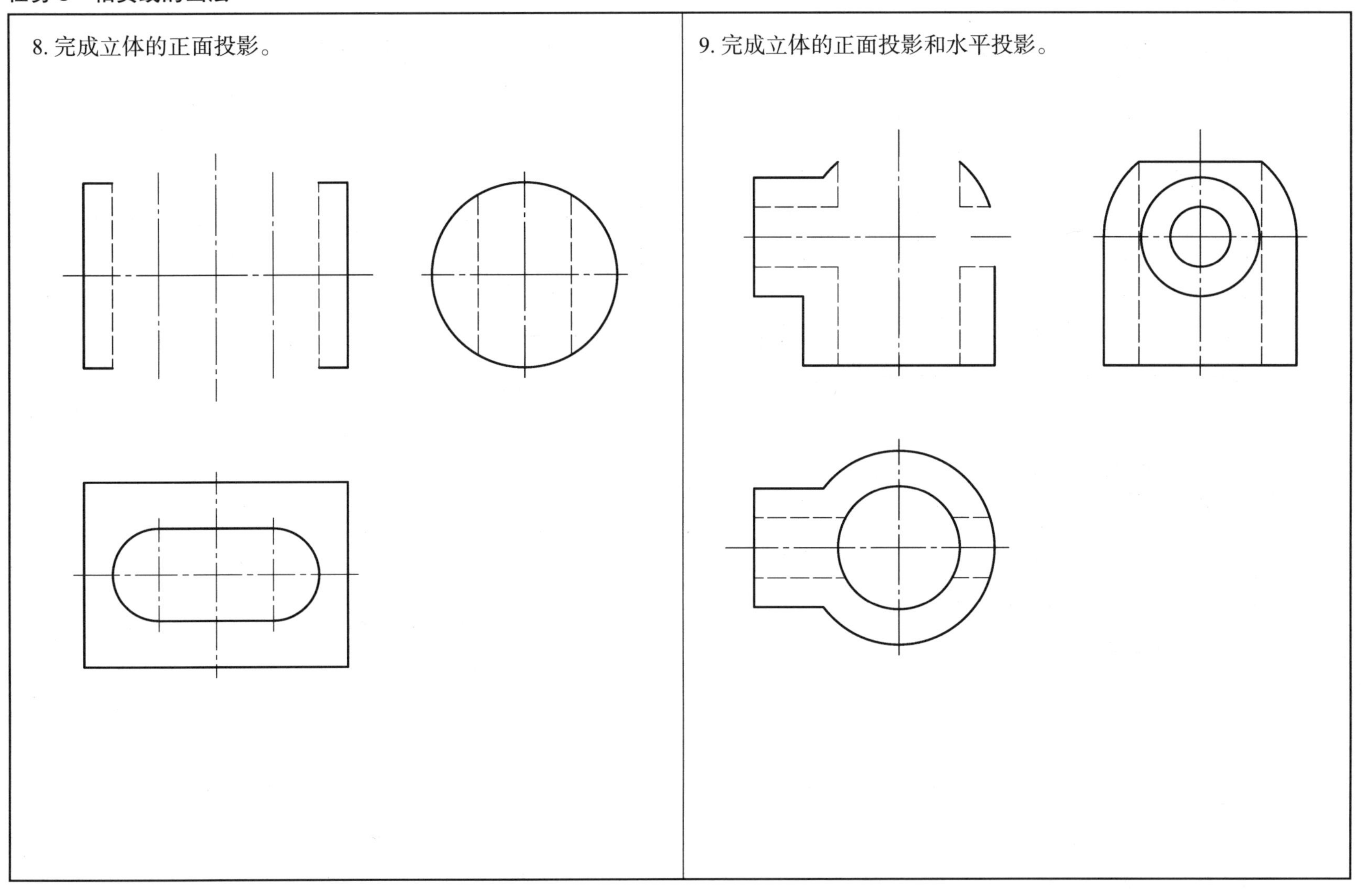

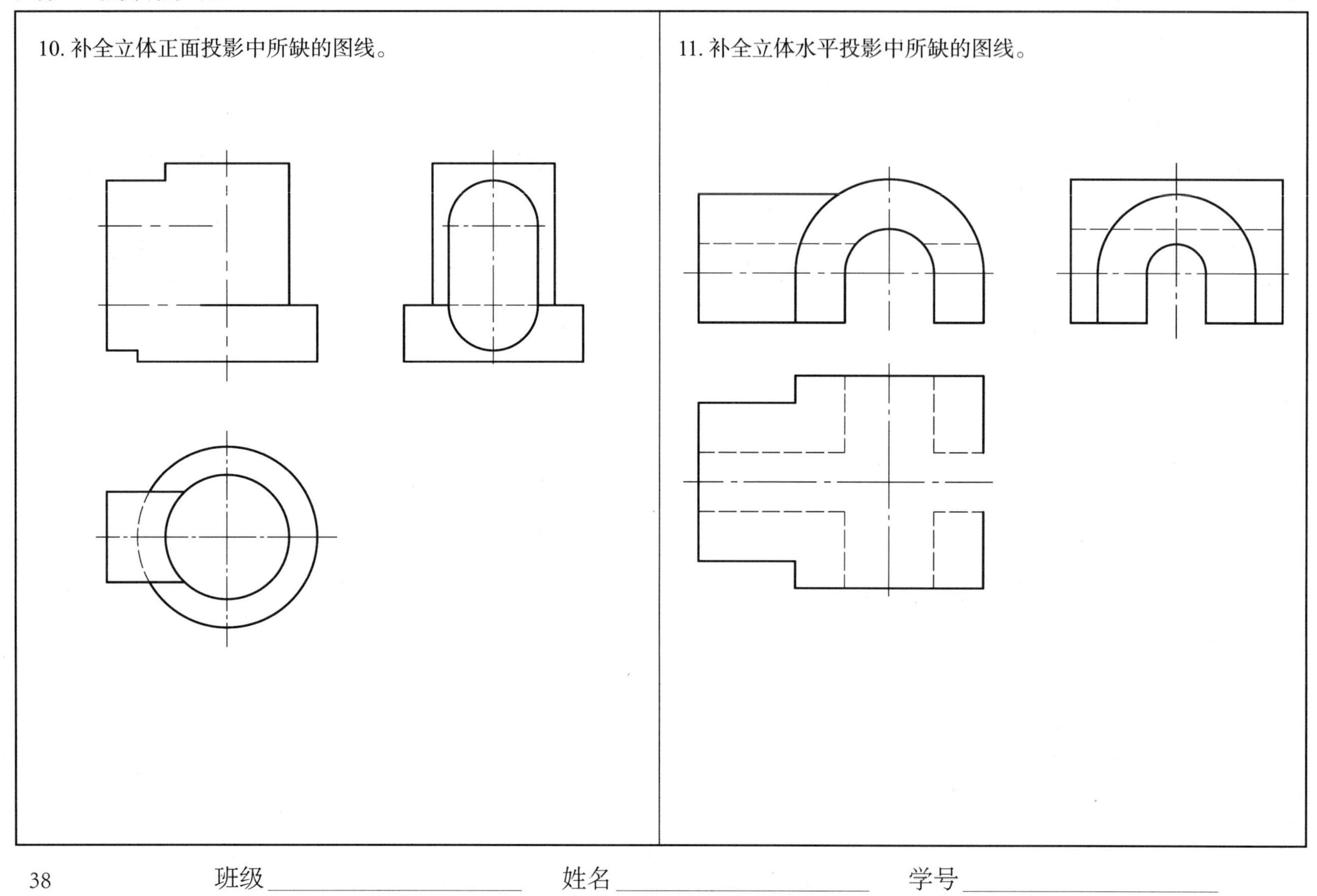

班级＿＿＿＿＿＿　姓名＿＿＿＿＿＿　学号＿＿＿＿＿＿

12. 下列各图所画的相贯线的投影，正确的有哪些？并将错误改正。

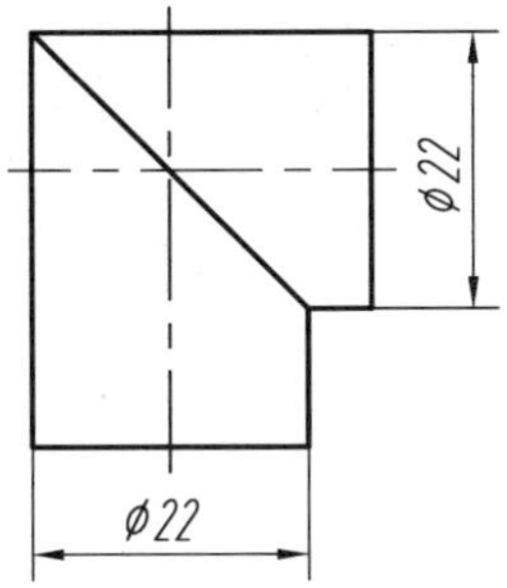

ϕ22
ϕ22

（1）

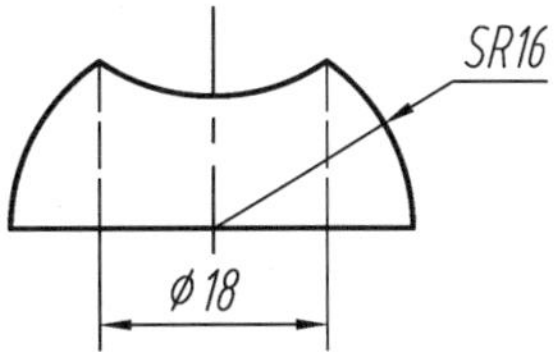

SR16
ϕ18

（2）

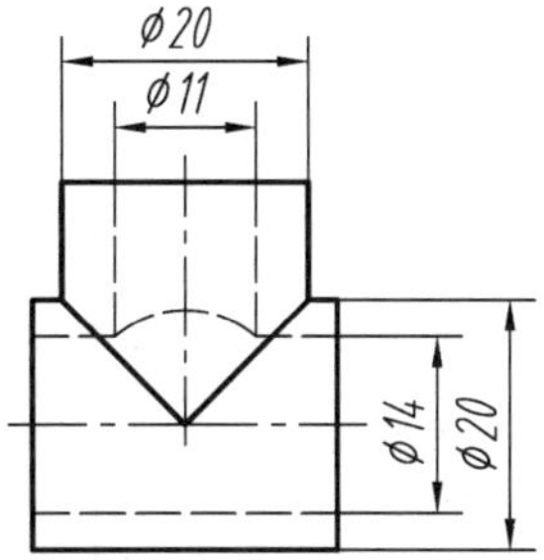

ϕ20
ϕ11
ϕ14
ϕ20

（3）

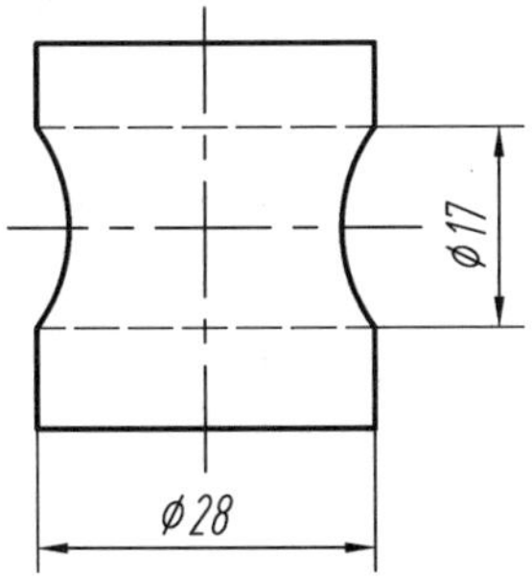

ϕ17
ϕ28

（4）

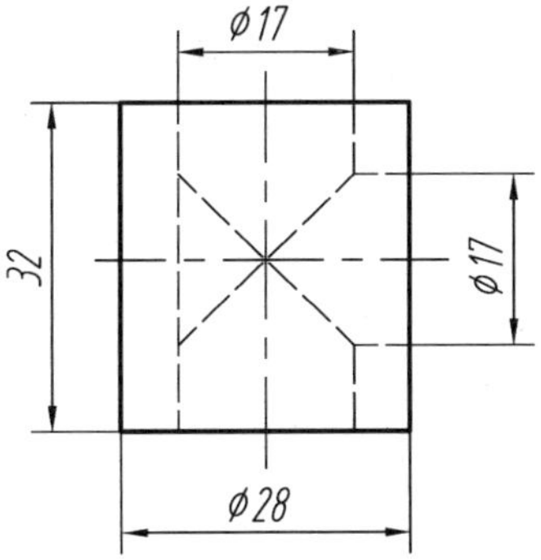

ϕ17
32
ϕ17
ϕ28

（5）

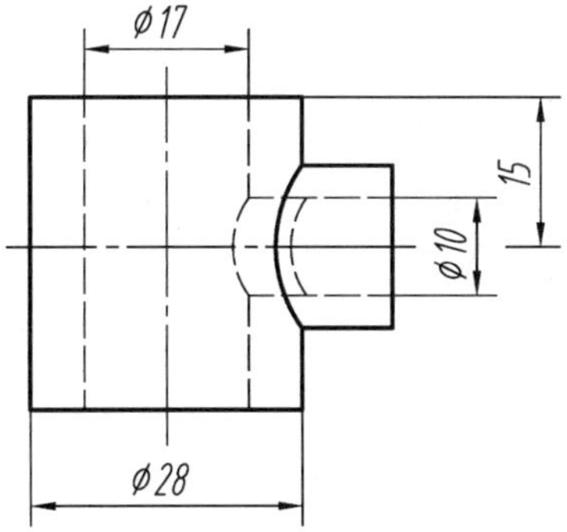

ϕ17
15
ϕ10
ϕ28

（6）

班级＿＿＿＿＿＿　姓名＿＿＿＿＿＿　学号＿＿＿＿＿＿

能力拓展

1. 完成立体的正面投影。

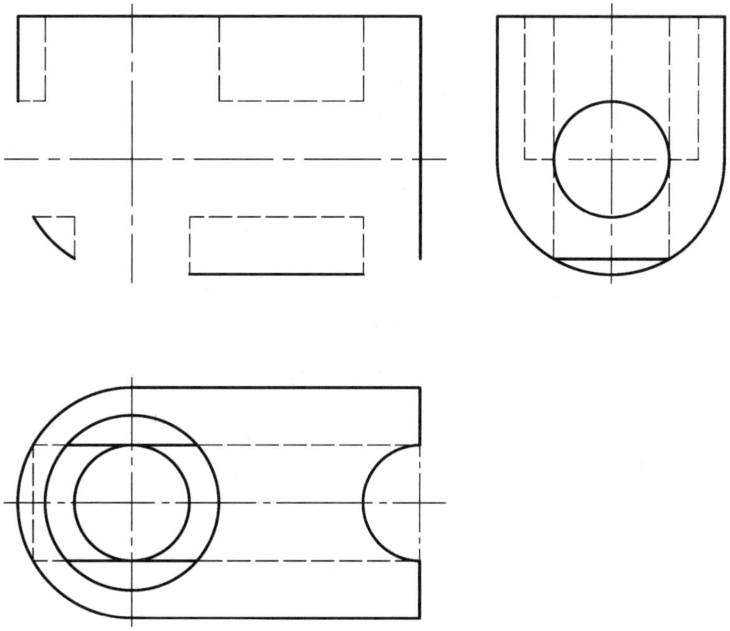

2. 求作立体的水平投影。

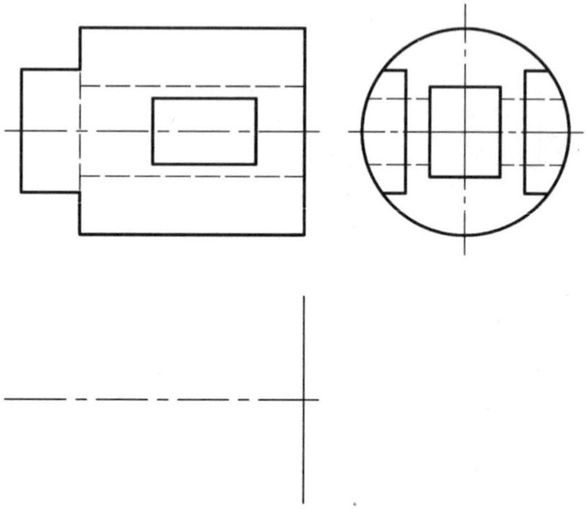

3. 求作球体被切割后的水平投影和侧面投影。

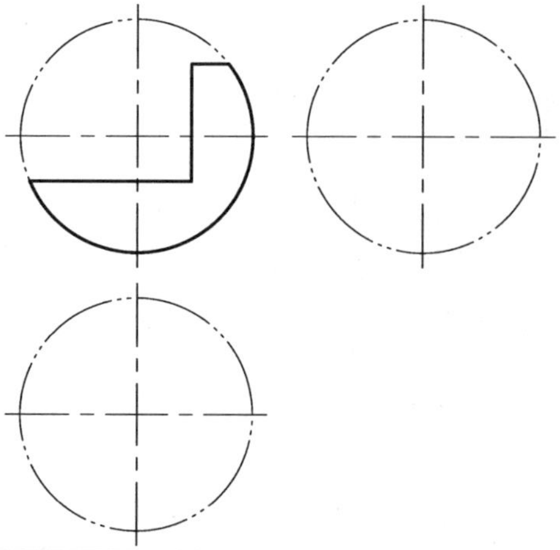

班级________ 姓名________ 学号________

能力拓展

4. 完成三棱柱被截切后的水平投影，并求其侧面投影。

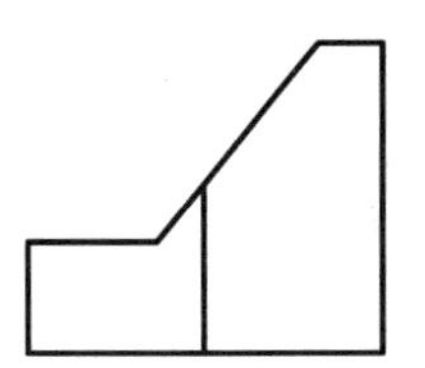

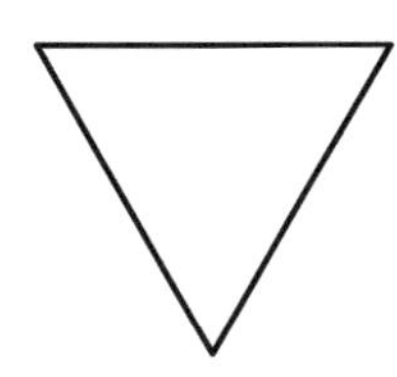

5. 求开槽、穿孔圆柱体的侧面投影。

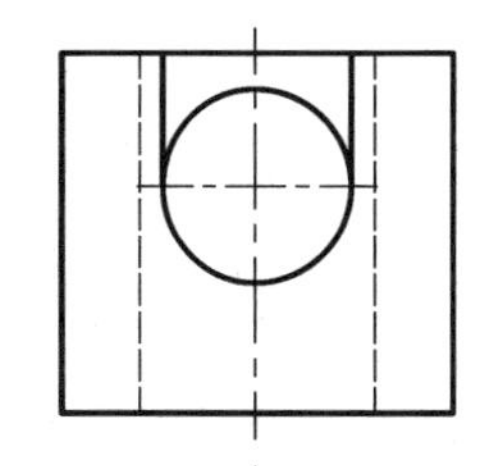

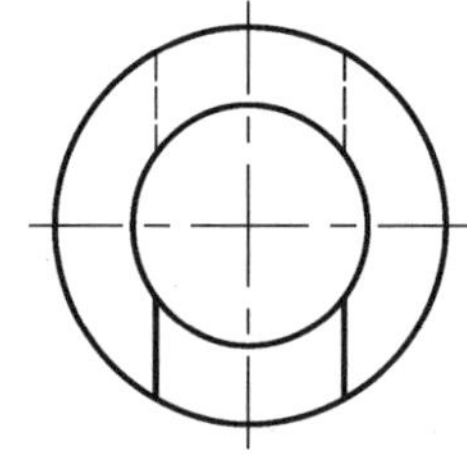

6. 完成带切口立体的水平投影和侧面投影。

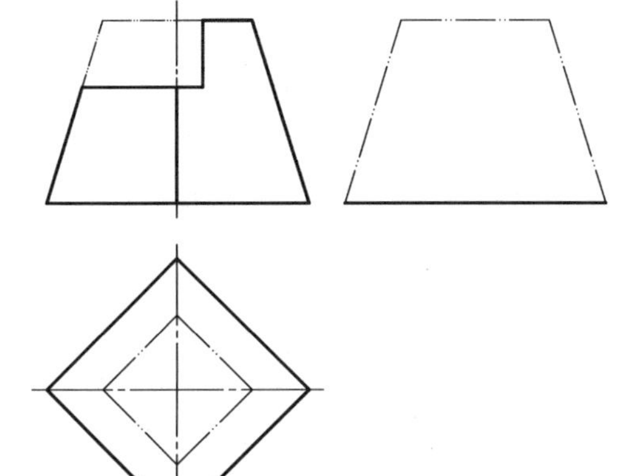

7. 补画立体侧面投影中所缺的图线。

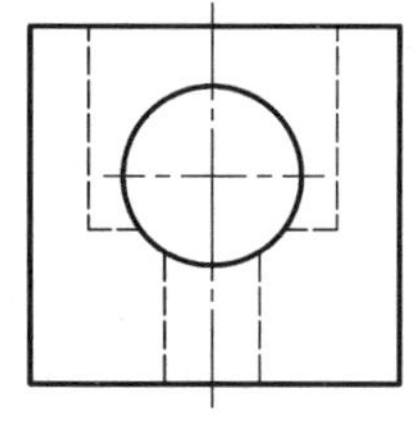

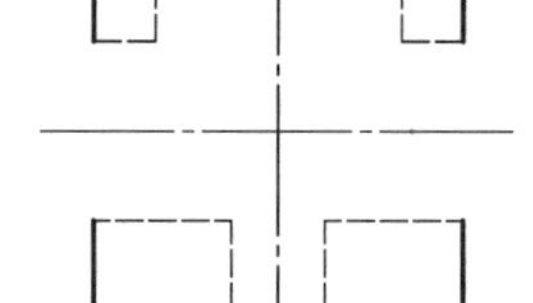

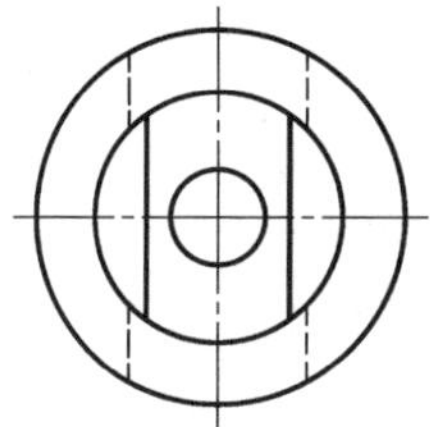

班级 ____________ 姓名 ____________ 学号 ____________

项目四　组合体的视图及其尺寸标注

任务 1　组合体的投影

1. 参照立体图，补全组合体的三视图。

（1）

（2）

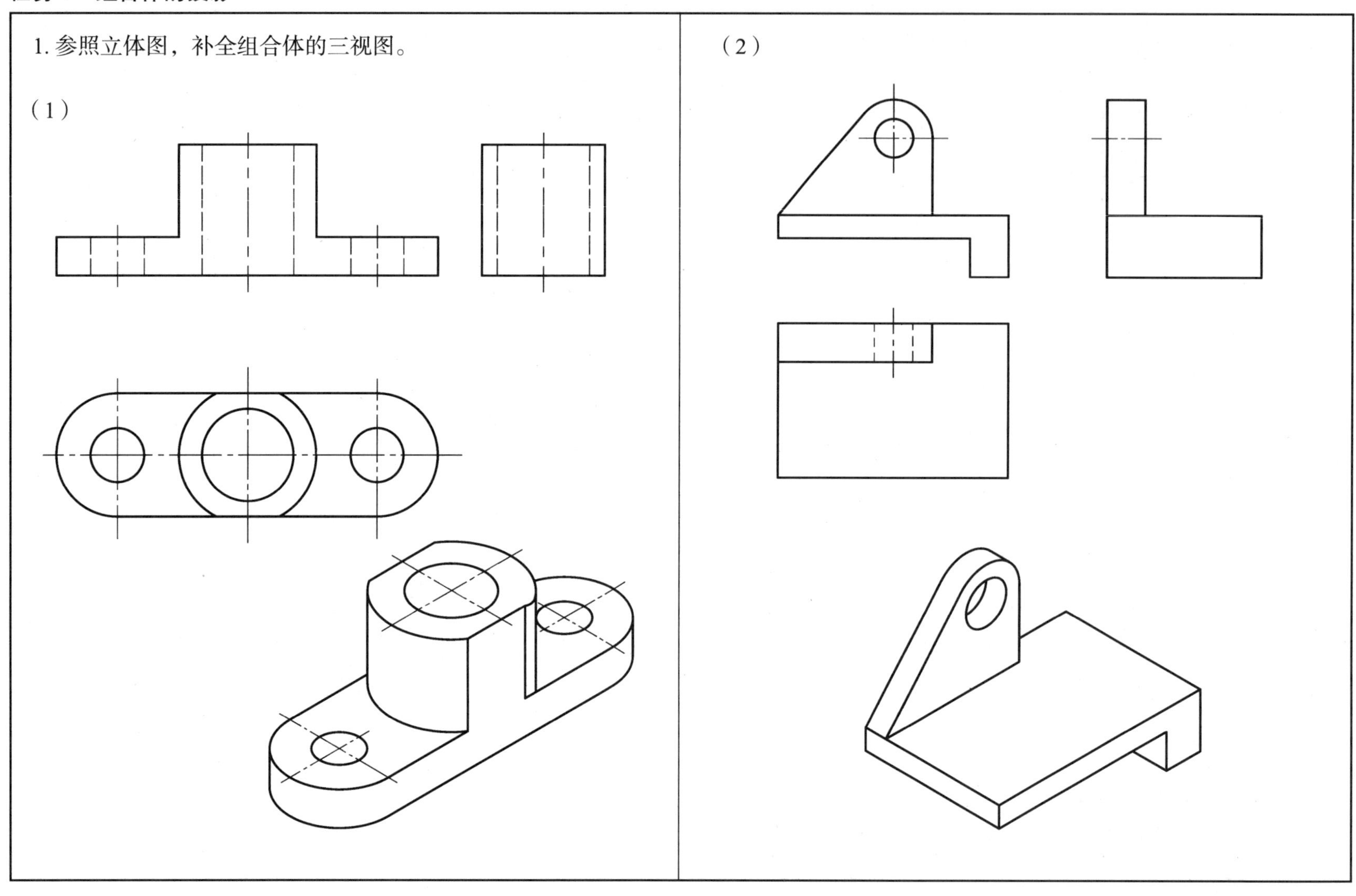

班级＿＿＿＿＿＿＿＿　姓名＿＿＿＿＿＿＿＿　学号＿＿＿＿＿＿＿＿

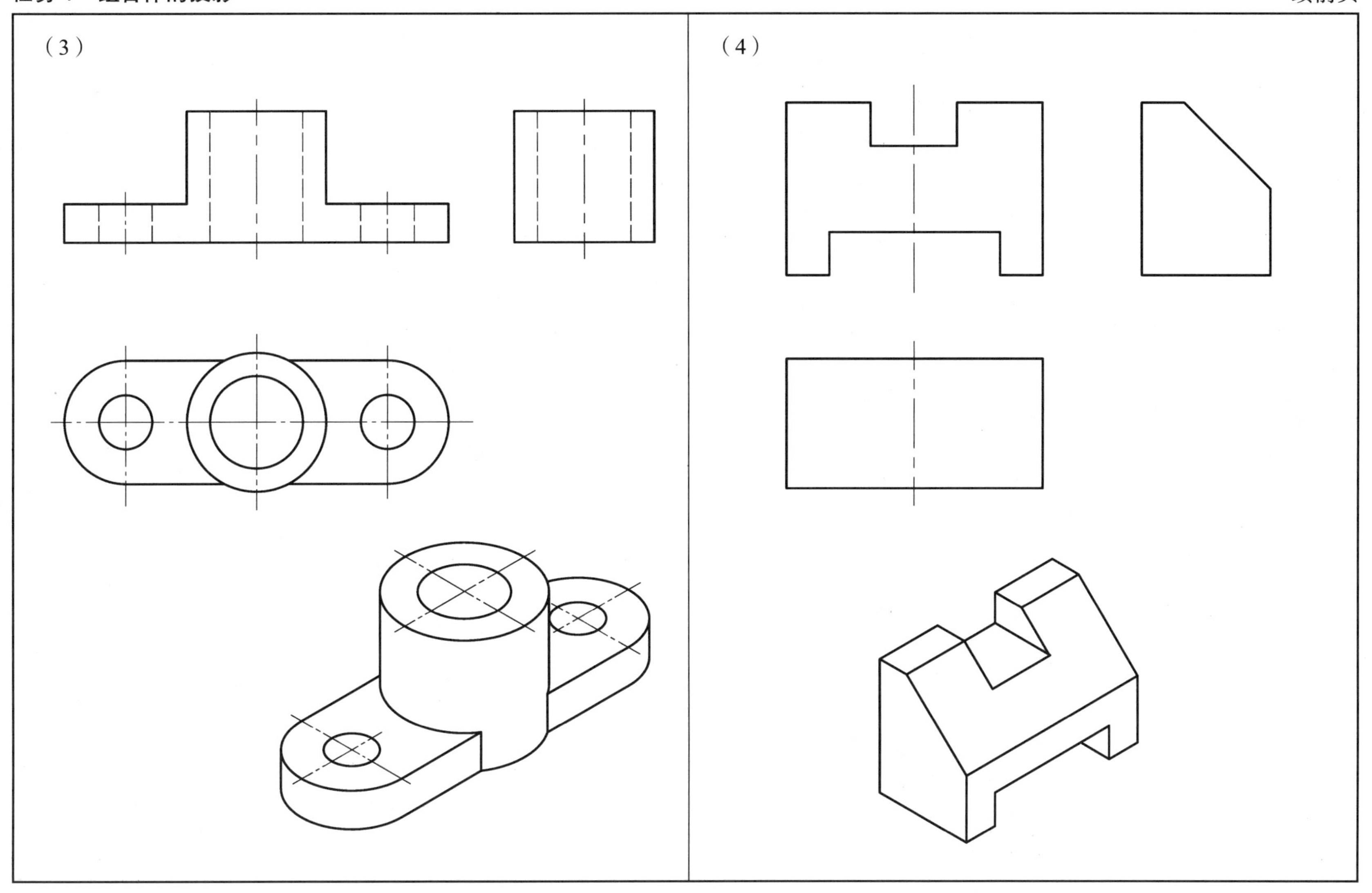

班级＿＿＿＿＿＿　姓名＿＿＿＿＿＿　学号＿＿＿＿＿＿

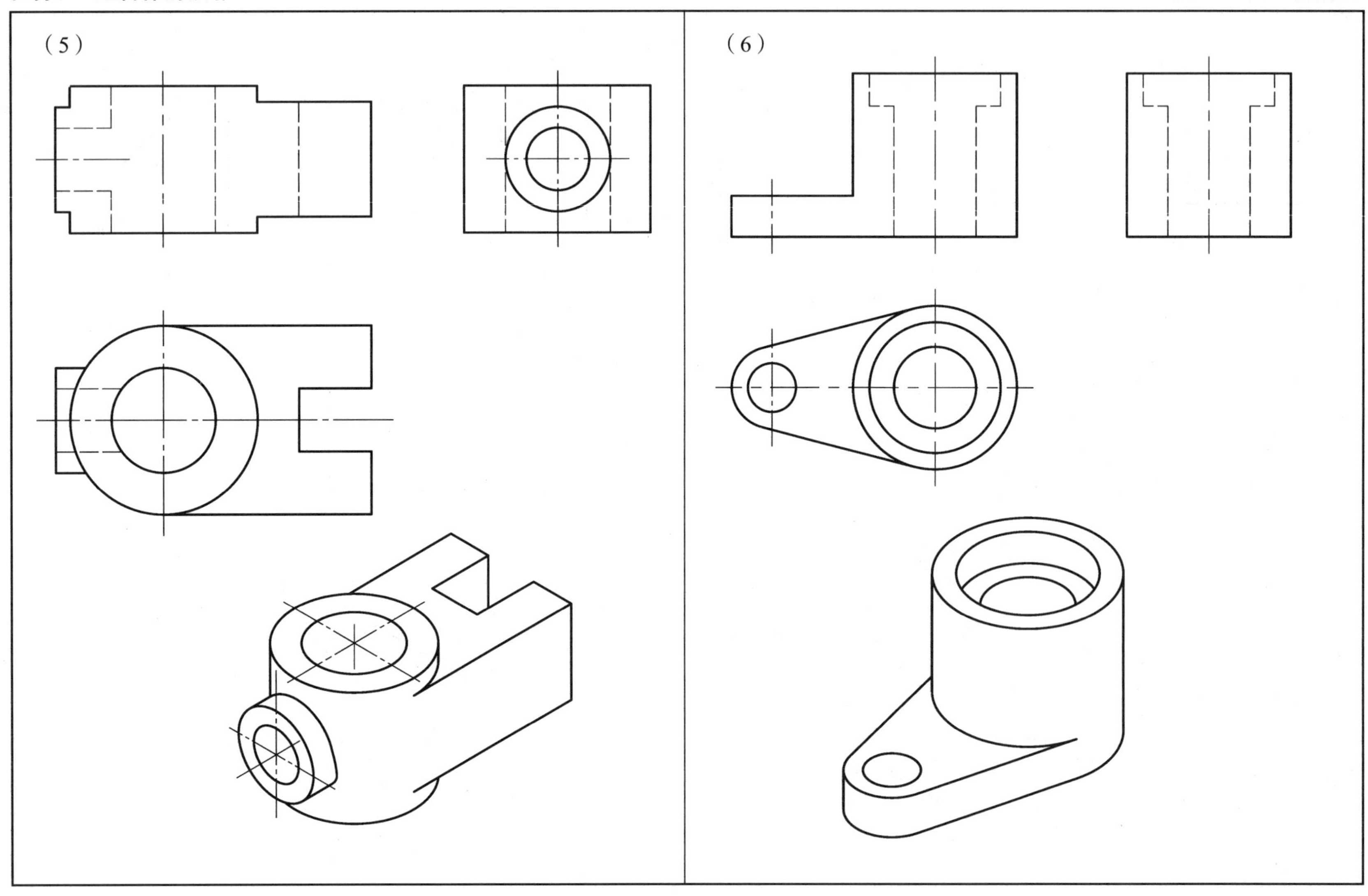

班级＿＿＿＿＿＿＿＿ 姓名＿＿＿＿＿＿＿＿ 学号＿＿＿＿＿＿＿＿

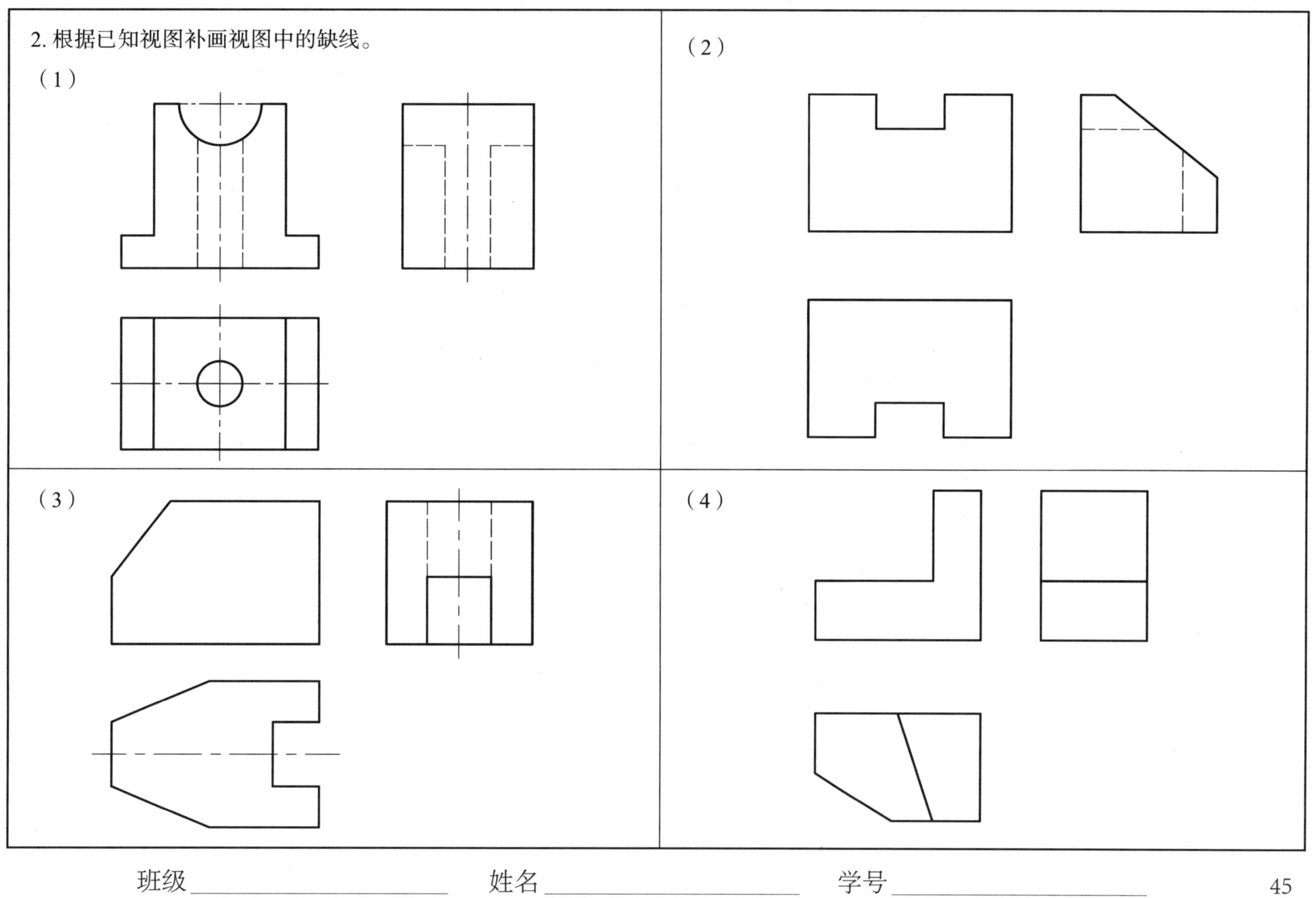

班级＿＿＿＿＿＿＿＿　姓名＿＿＿＿＿＿＿＿　学号＿＿＿＿＿＿＿＿

1. 画组合体的三视图。

（1）

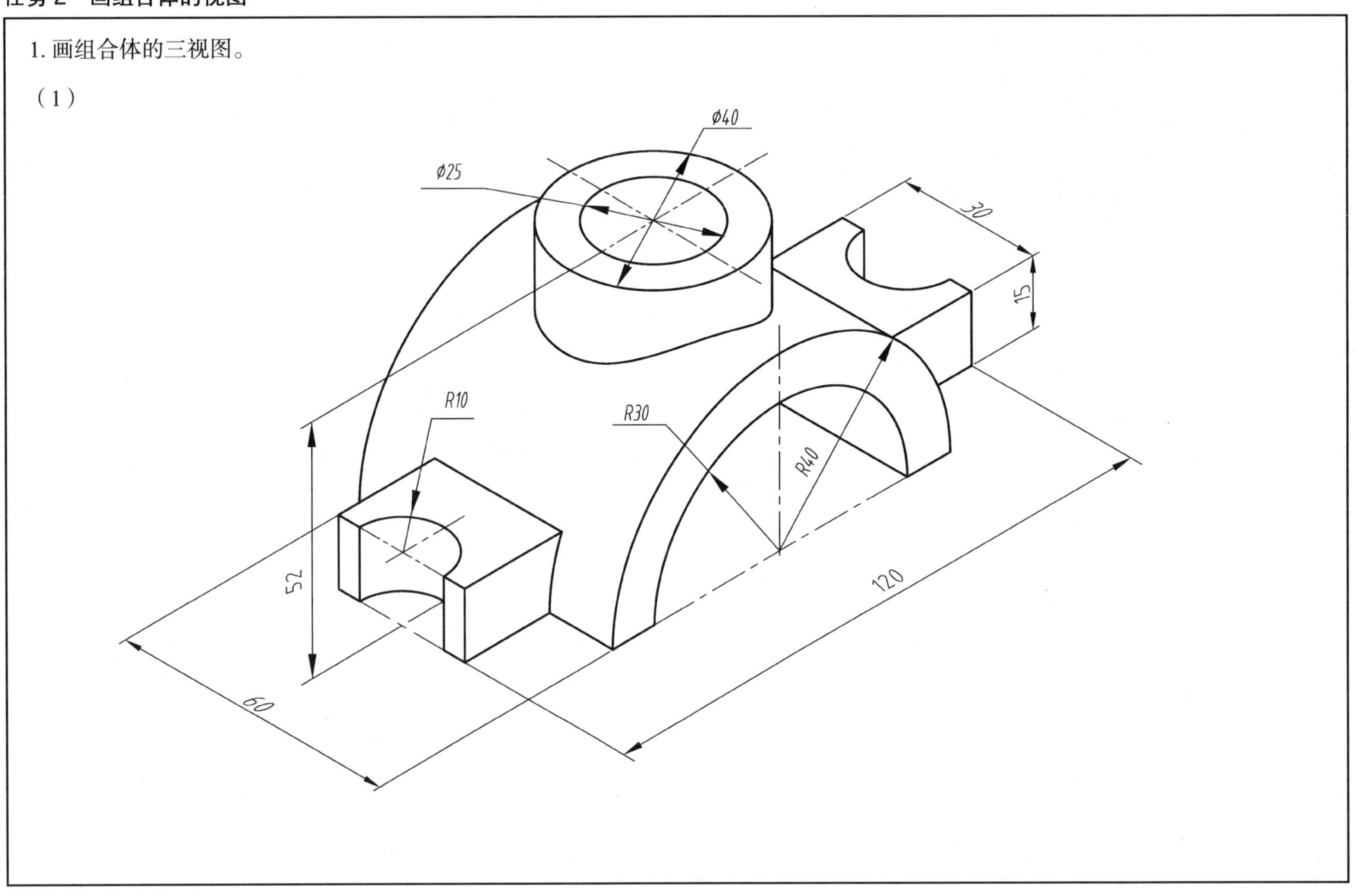

班级＿＿＿＿＿＿＿　姓名＿＿＿＿＿＿＿　学号＿＿＿＿＿＿＿

（2）

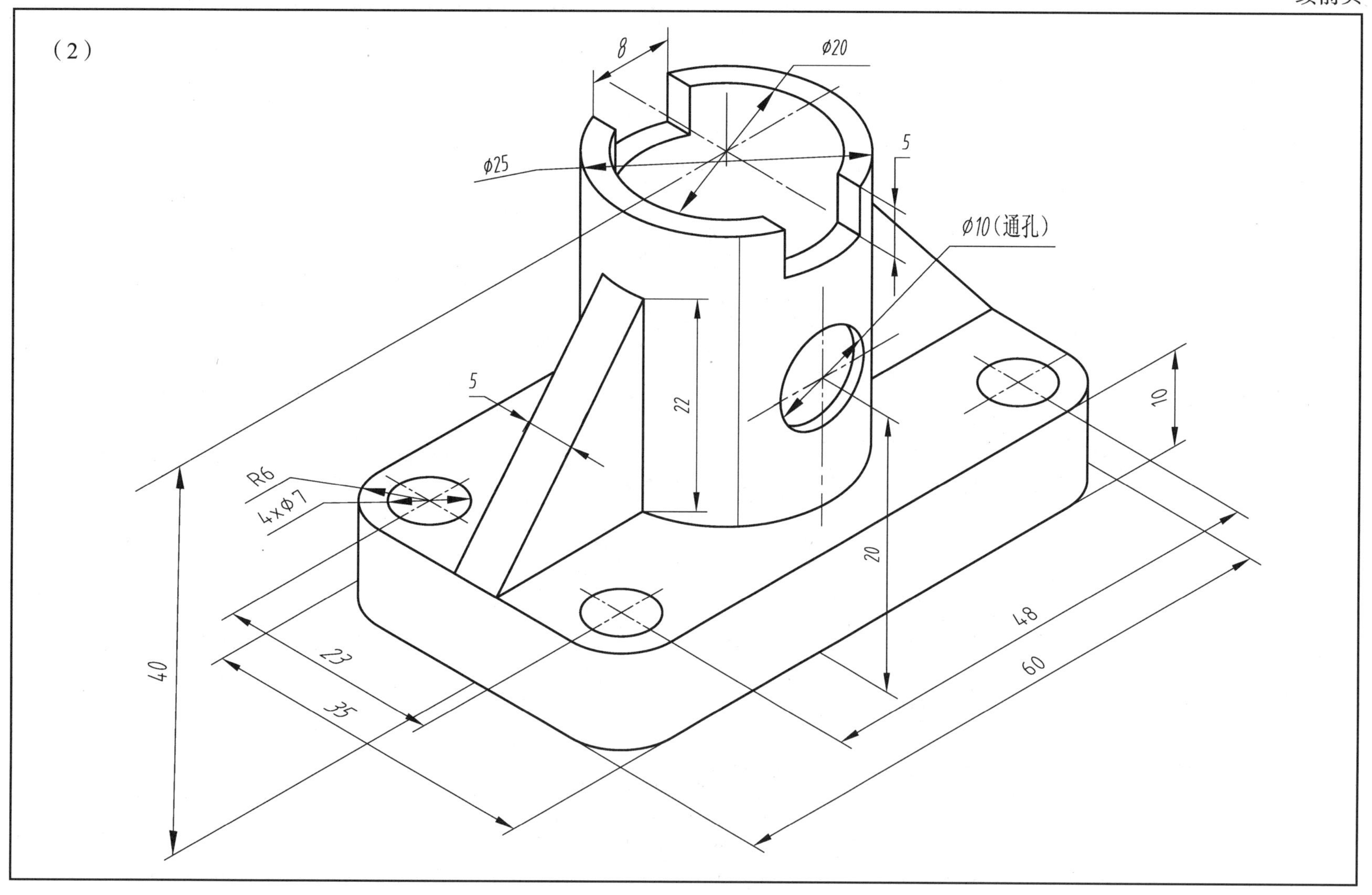

班级________　姓名________　学号________

（3）

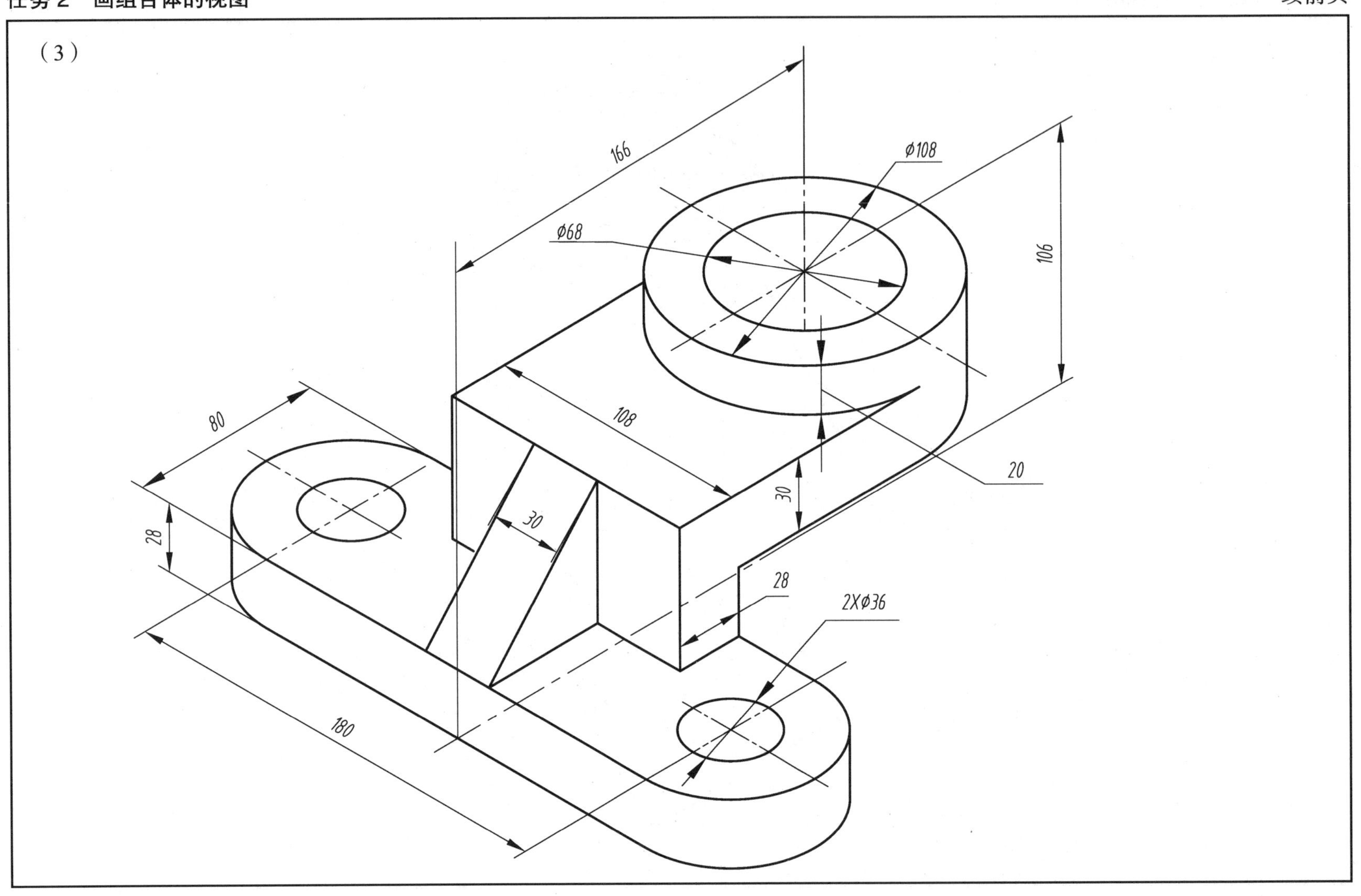

班级＿＿＿＿＿＿　姓名＿＿＿＿＿＿　学号＿＿＿＿＿＿

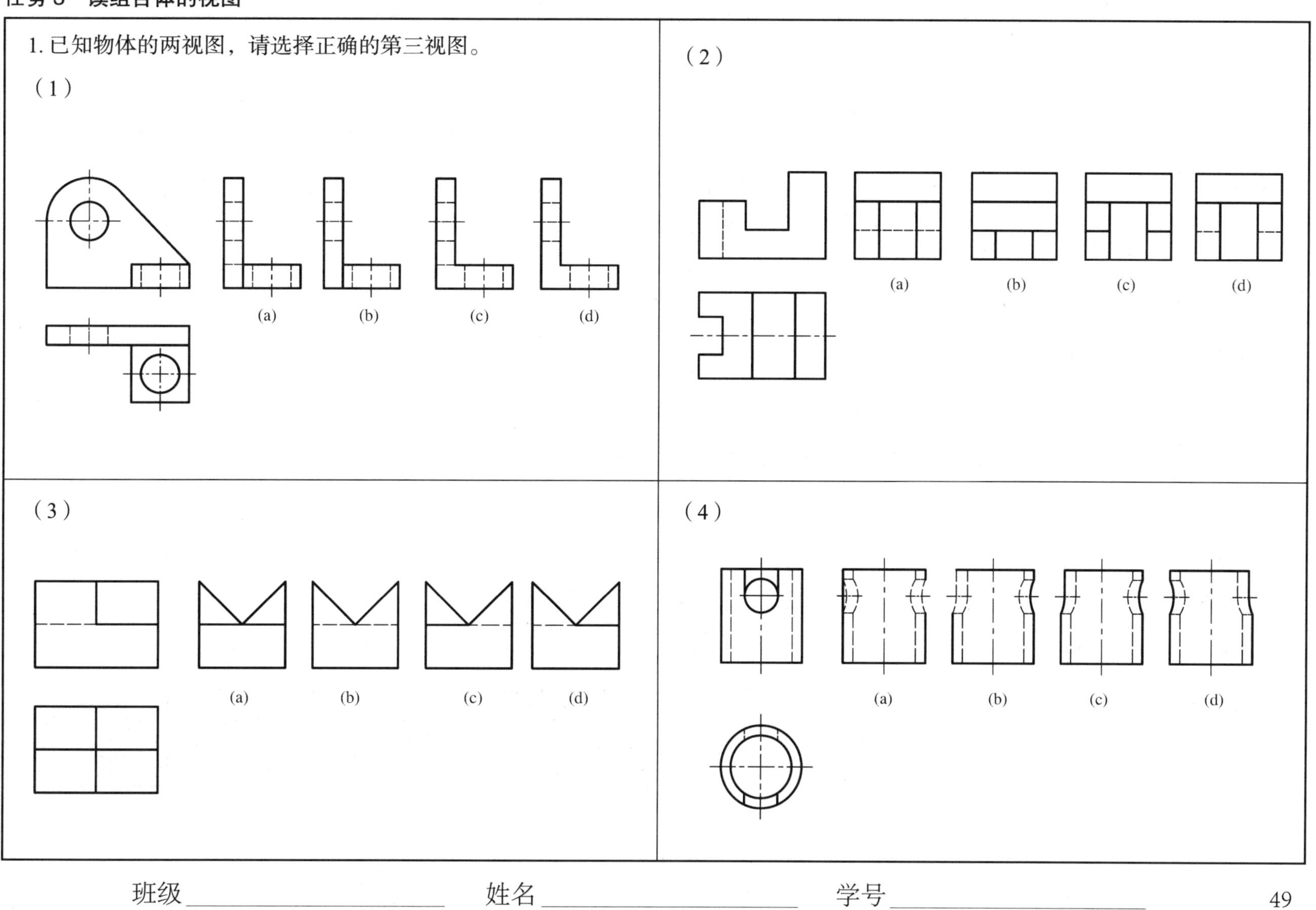

班级＿＿＿＿＿＿＿　姓名＿＿＿＿＿＿＿　学号＿＿＿＿＿＿＿

(5)

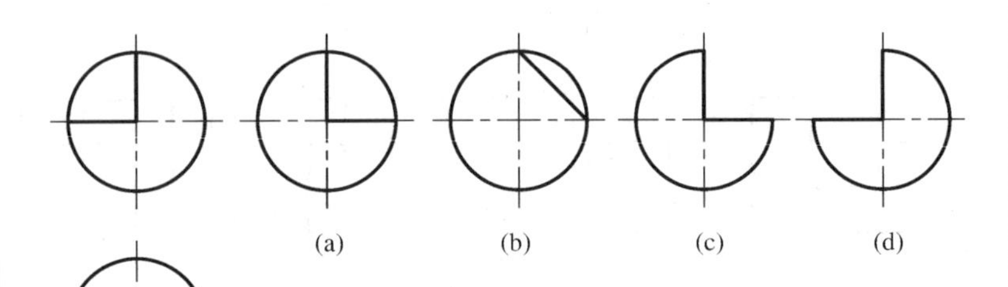

(6)

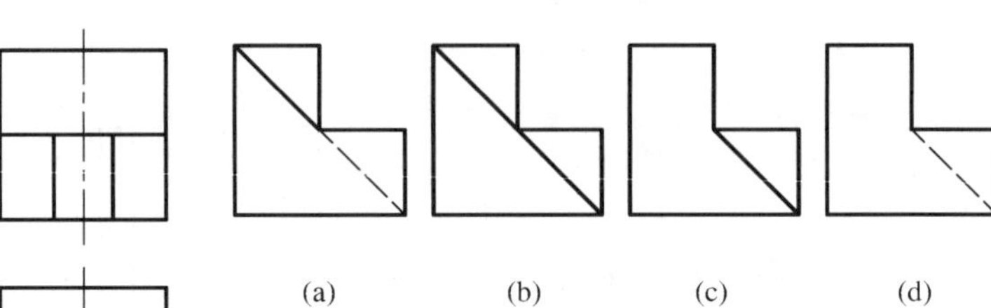

(7)

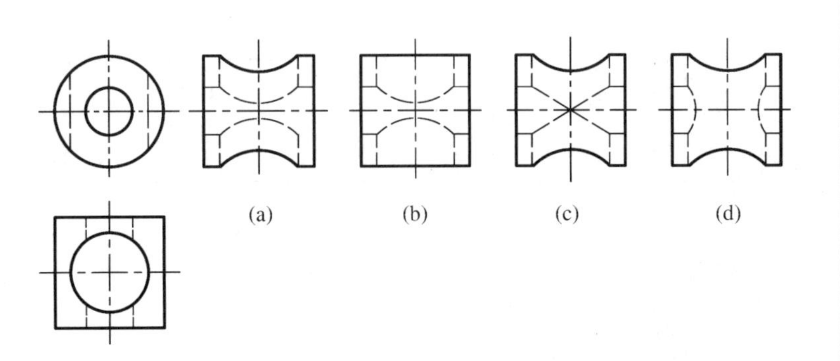

(8)

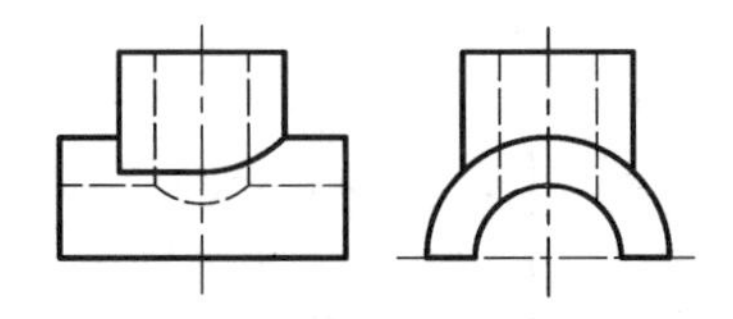

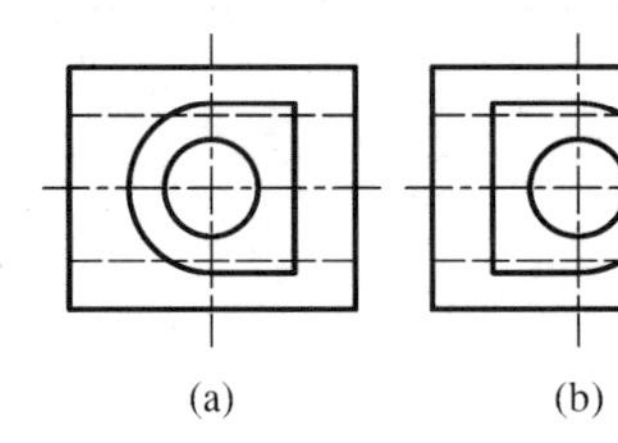

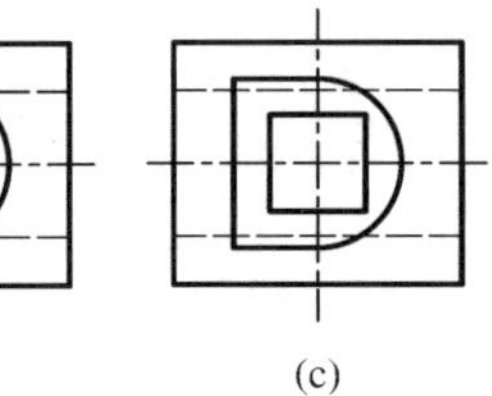

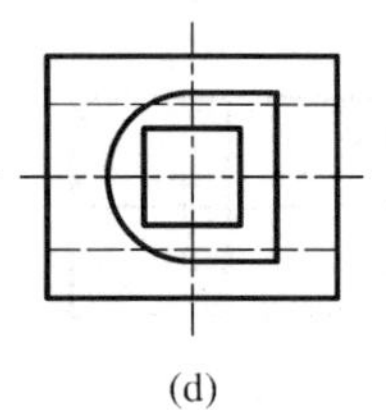

班级＿＿＿＿＿＿　姓名＿＿＿＿＿＿　学号＿＿＿＿＿＿

2. 参照已给的两视图，补画第三视图。

（1）

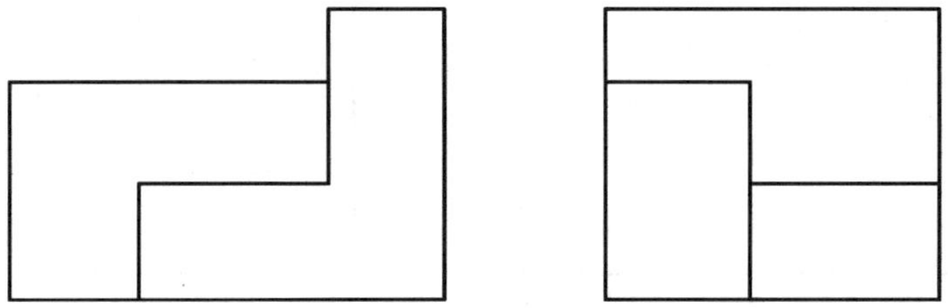

（2）

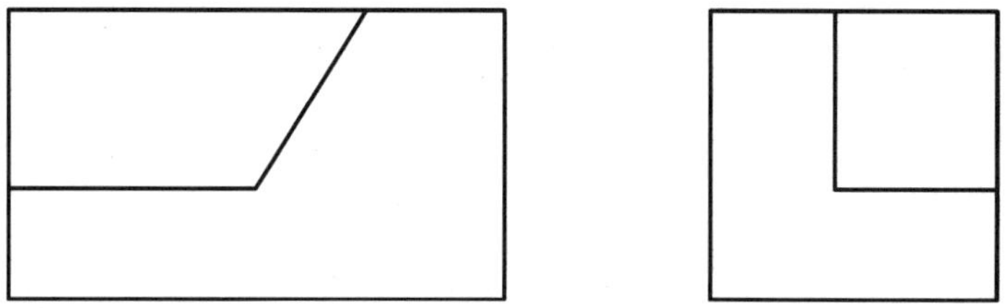

（3）

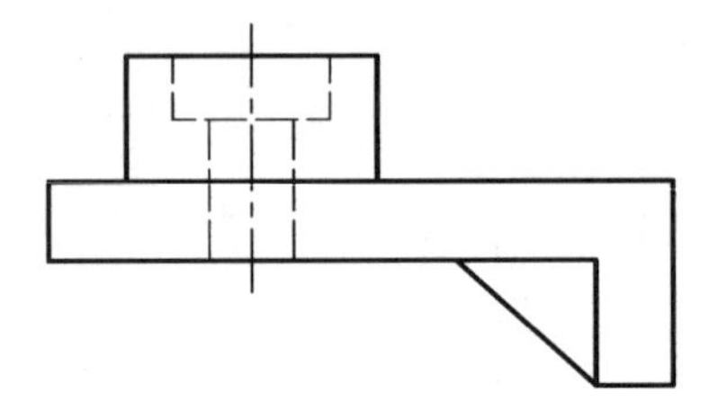

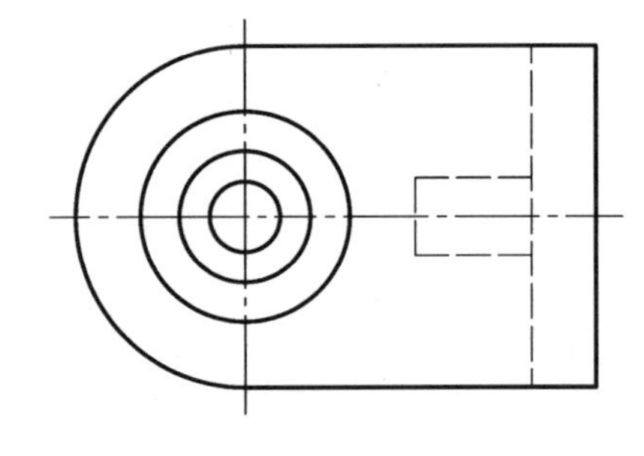

（4）

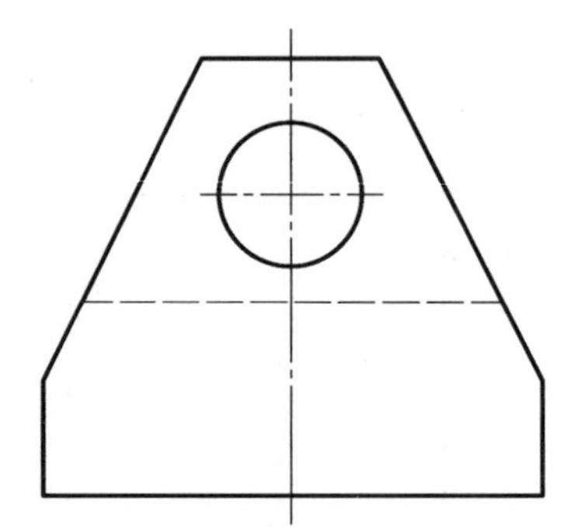

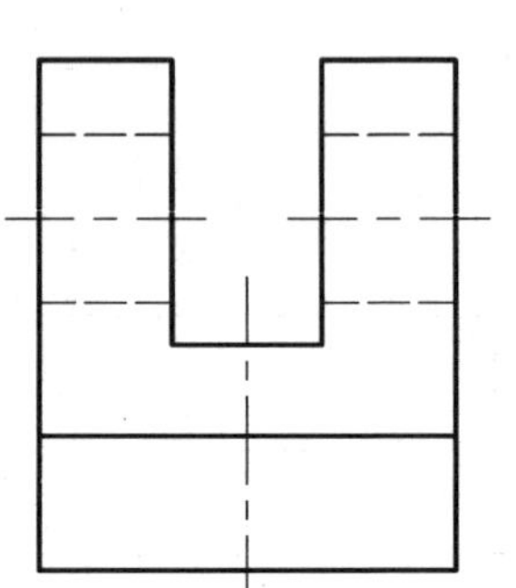

班级＿＿＿＿＿＿　姓名＿＿＿＿＿＿　学号＿＿＿＿＿＿

（5）

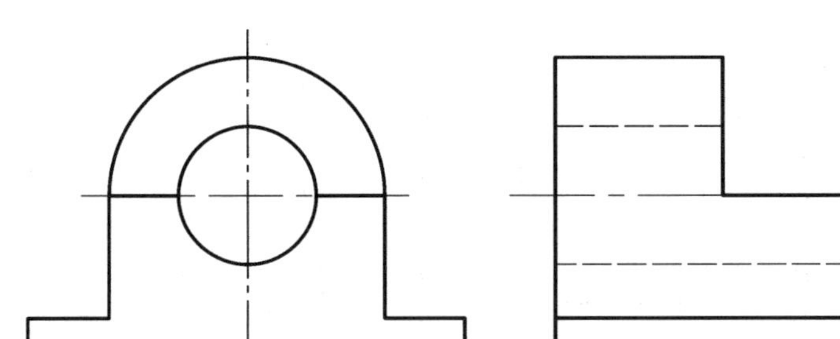

（6）

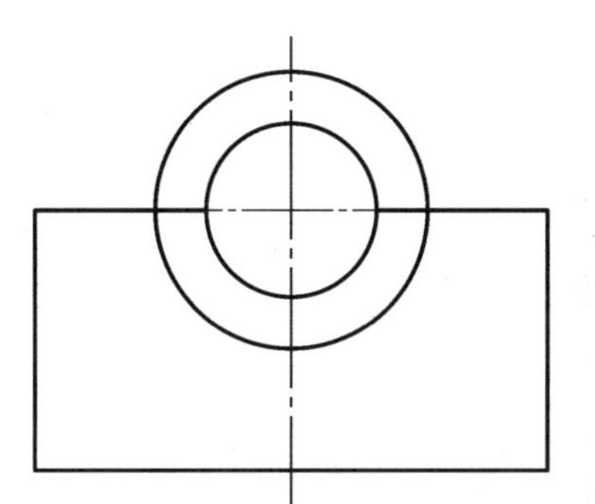

（7）

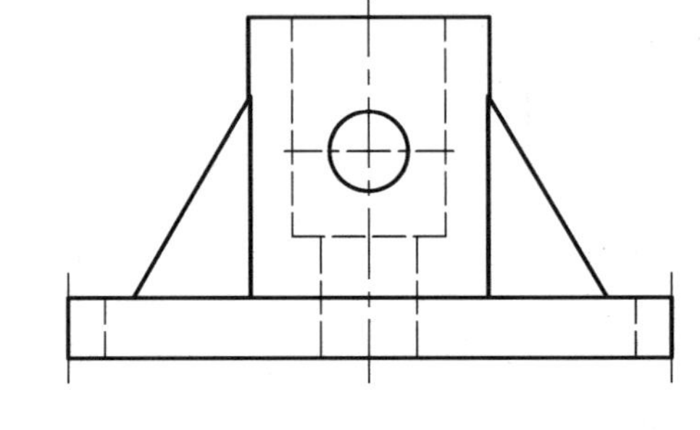

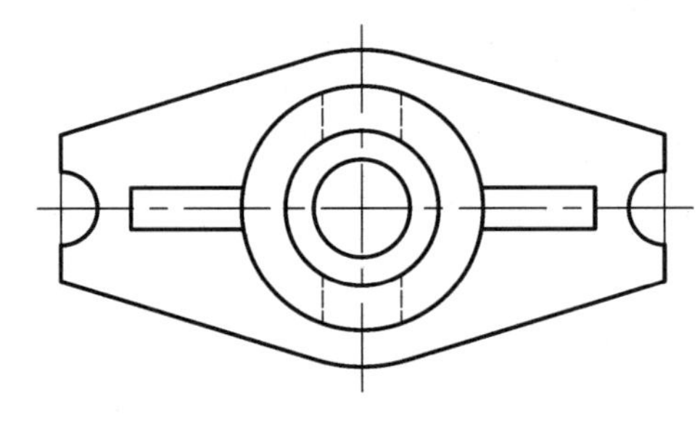

（8）

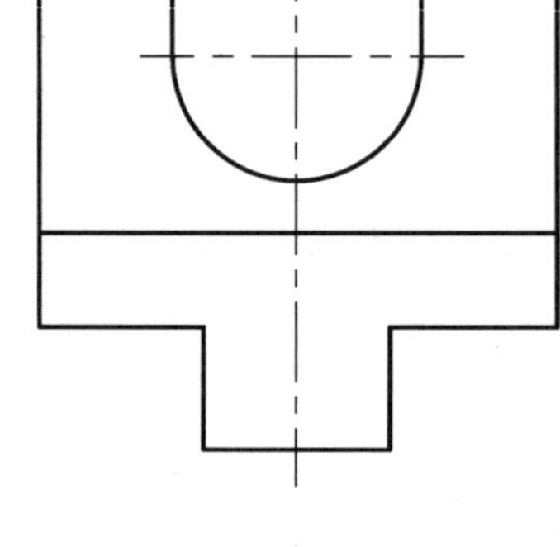

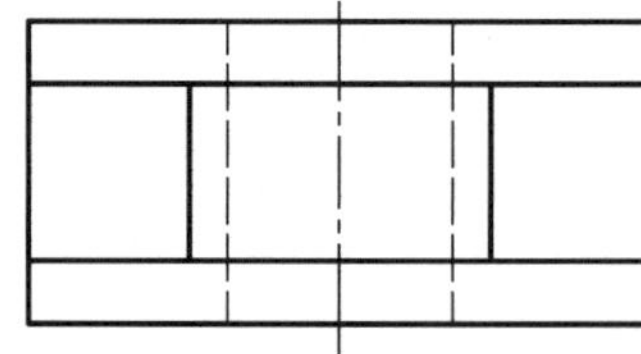

班级＿＿＿＿＿＿　姓名＿＿＿＿＿＿　学号＿＿＿＿＿＿

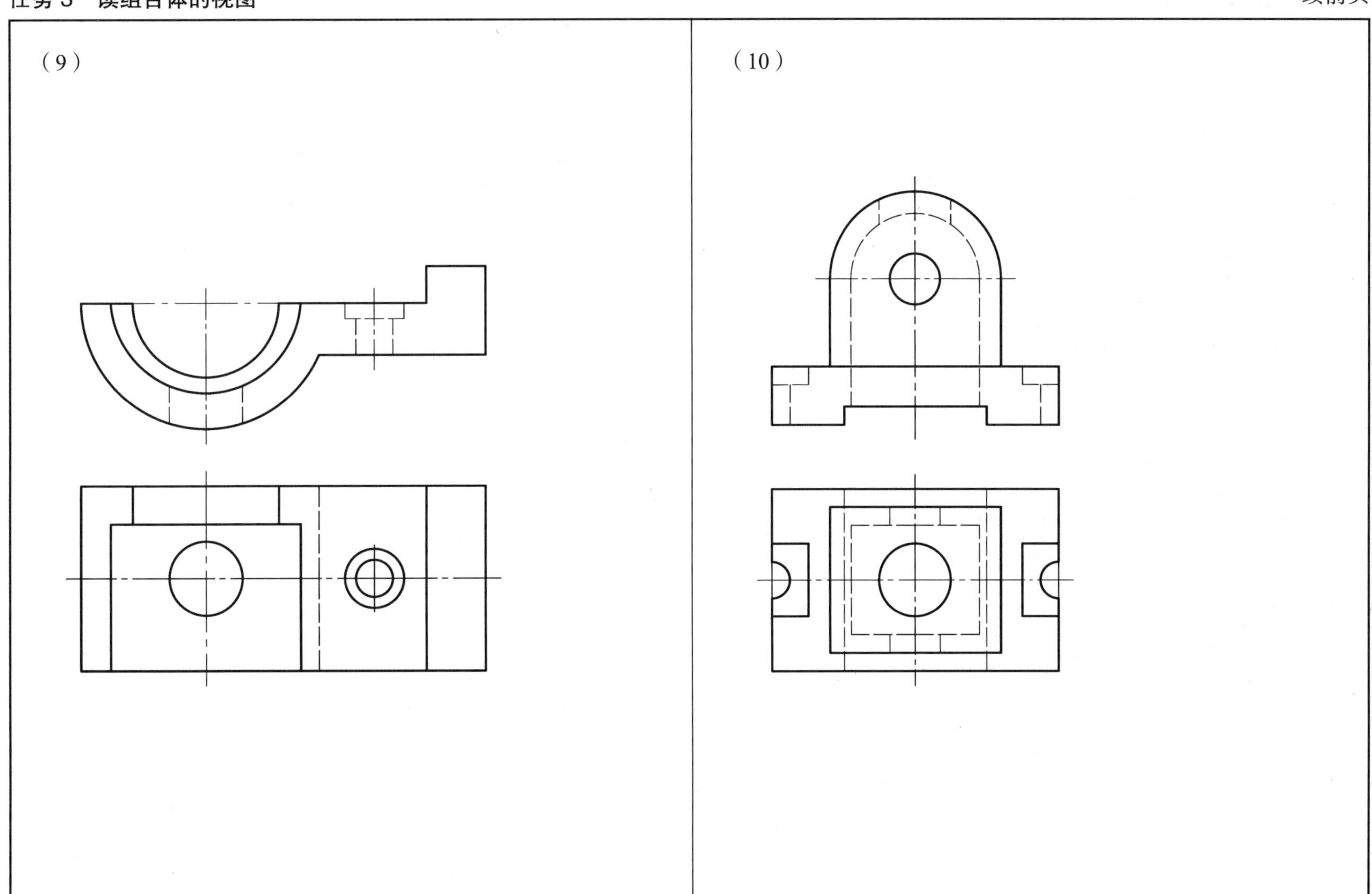

班级________ 姓名________ 学号________

（11）

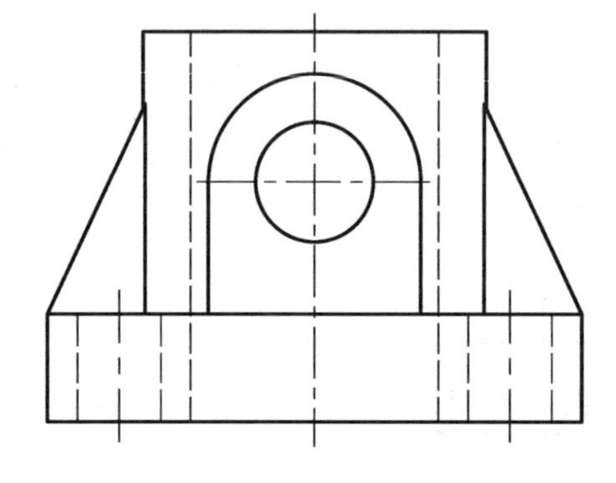

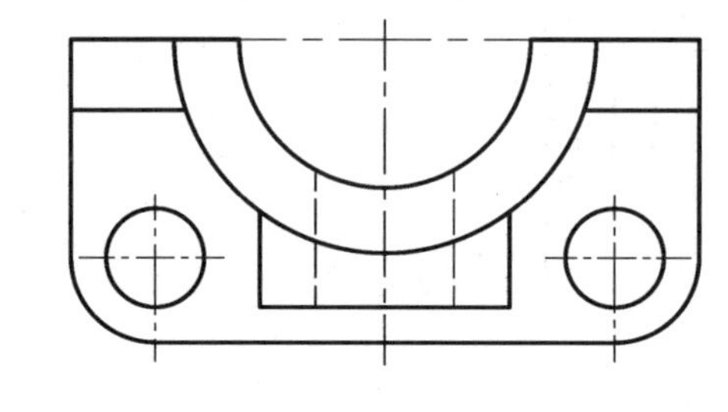

（12）

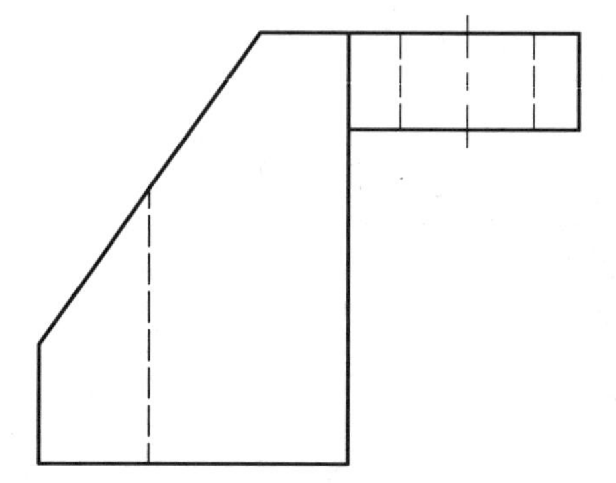

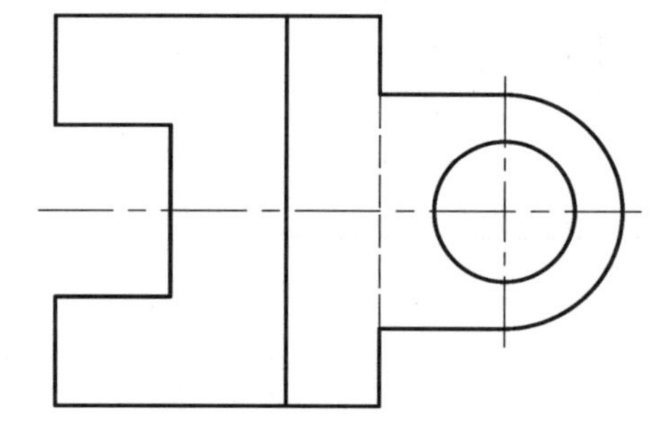

班级＿＿＿＿＿＿＿＿　姓名＿＿＿＿＿＿＿＿　学号＿＿＿＿＿＿＿＿

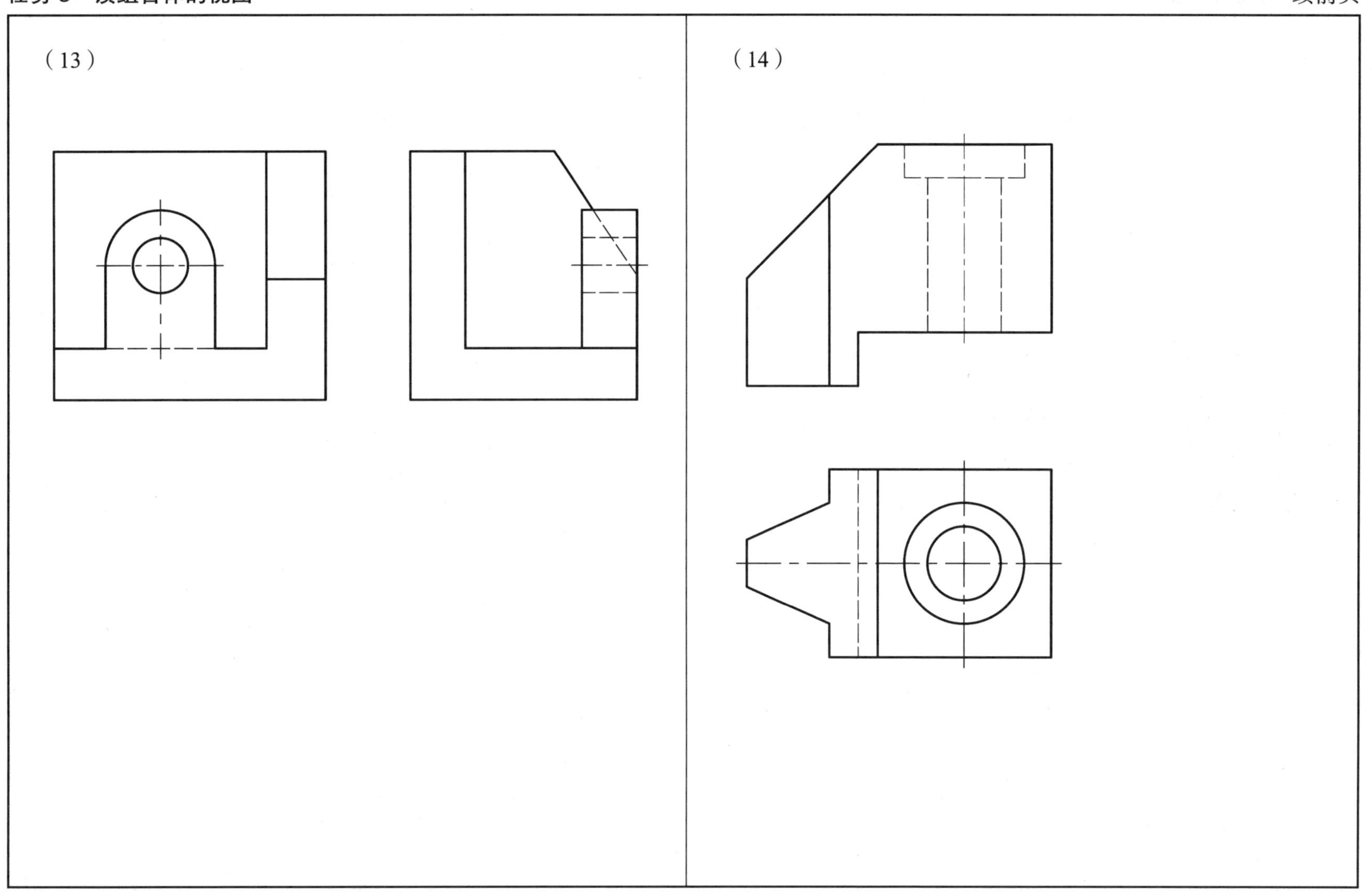

班级＿＿＿＿＿＿　姓名＿＿＿＿＿＿　学号＿＿＿＿＿＿

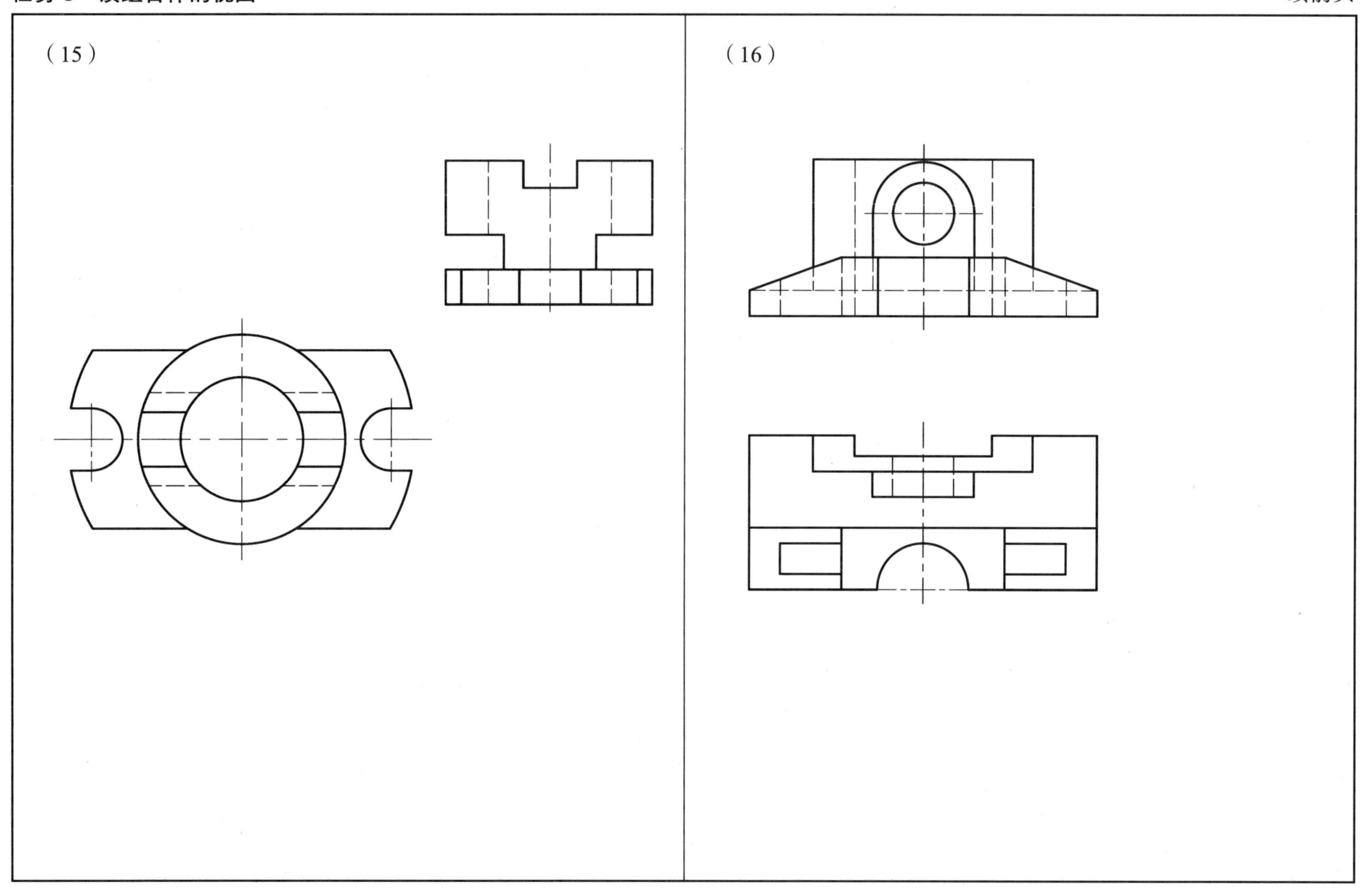

班级＿＿＿＿＿＿　姓名＿＿＿＿＿＿　学号＿＿＿＿＿＿

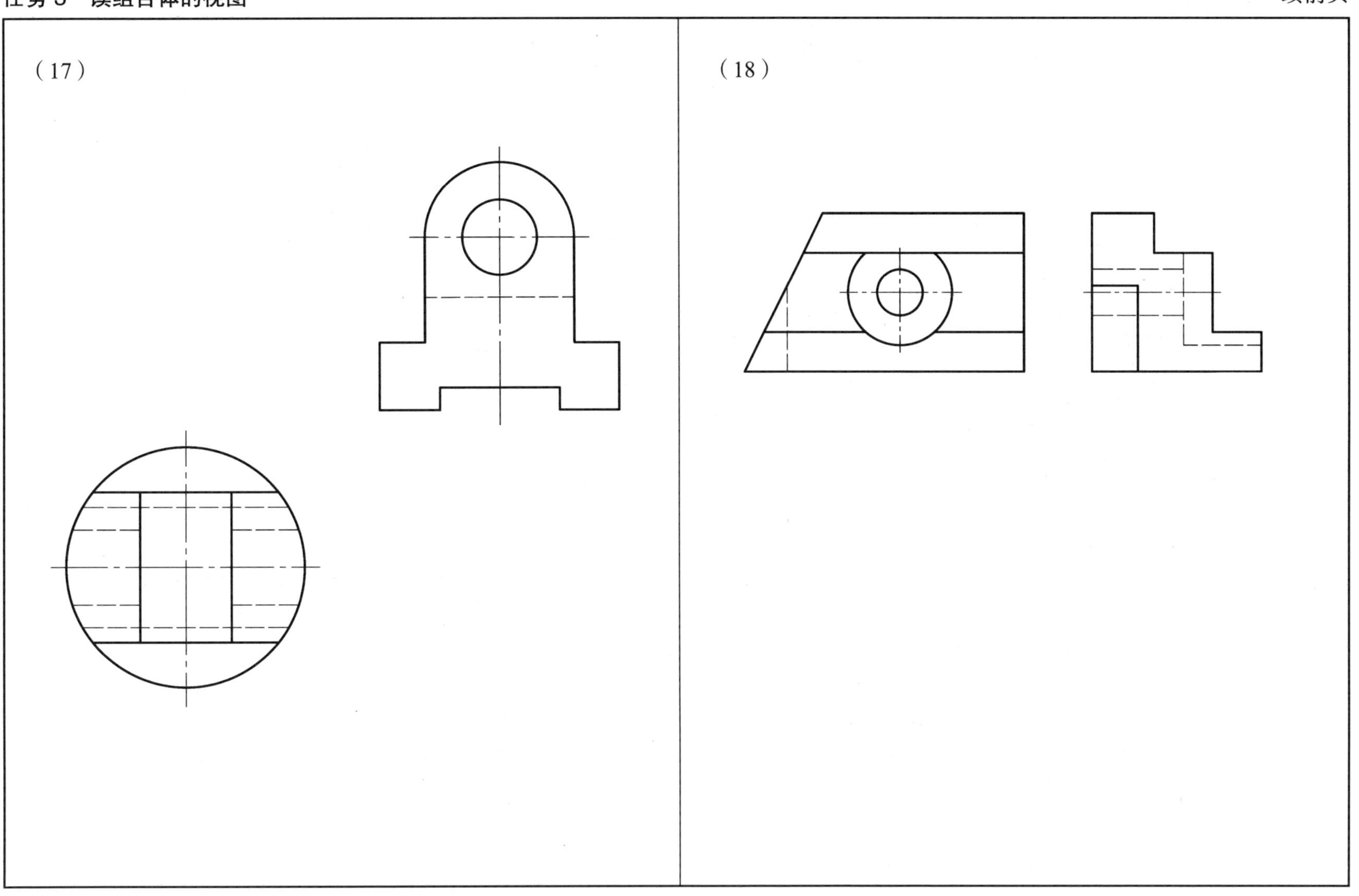

班级＿＿＿＿＿＿　姓名＿＿＿＿＿＿　学号＿＿＿＿＿＿

1. 标注组合体的尺寸（尺寸数值在图中直接量取，取整数）。

（1）

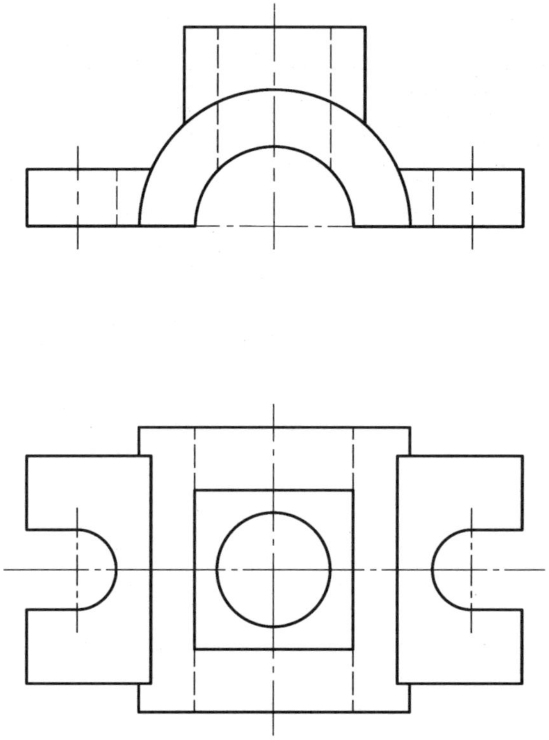

（2）

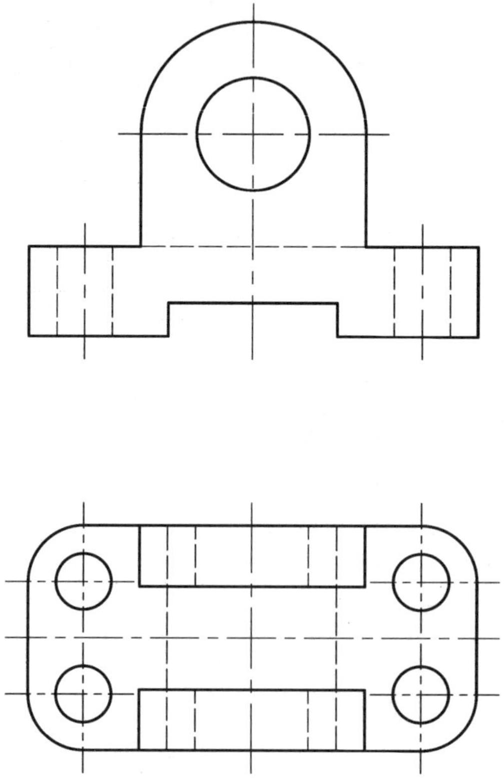

班级＿＿＿＿＿＿＿＿　姓名＿＿＿＿＿＿＿＿　学号＿＿＿＿＿＿＿＿

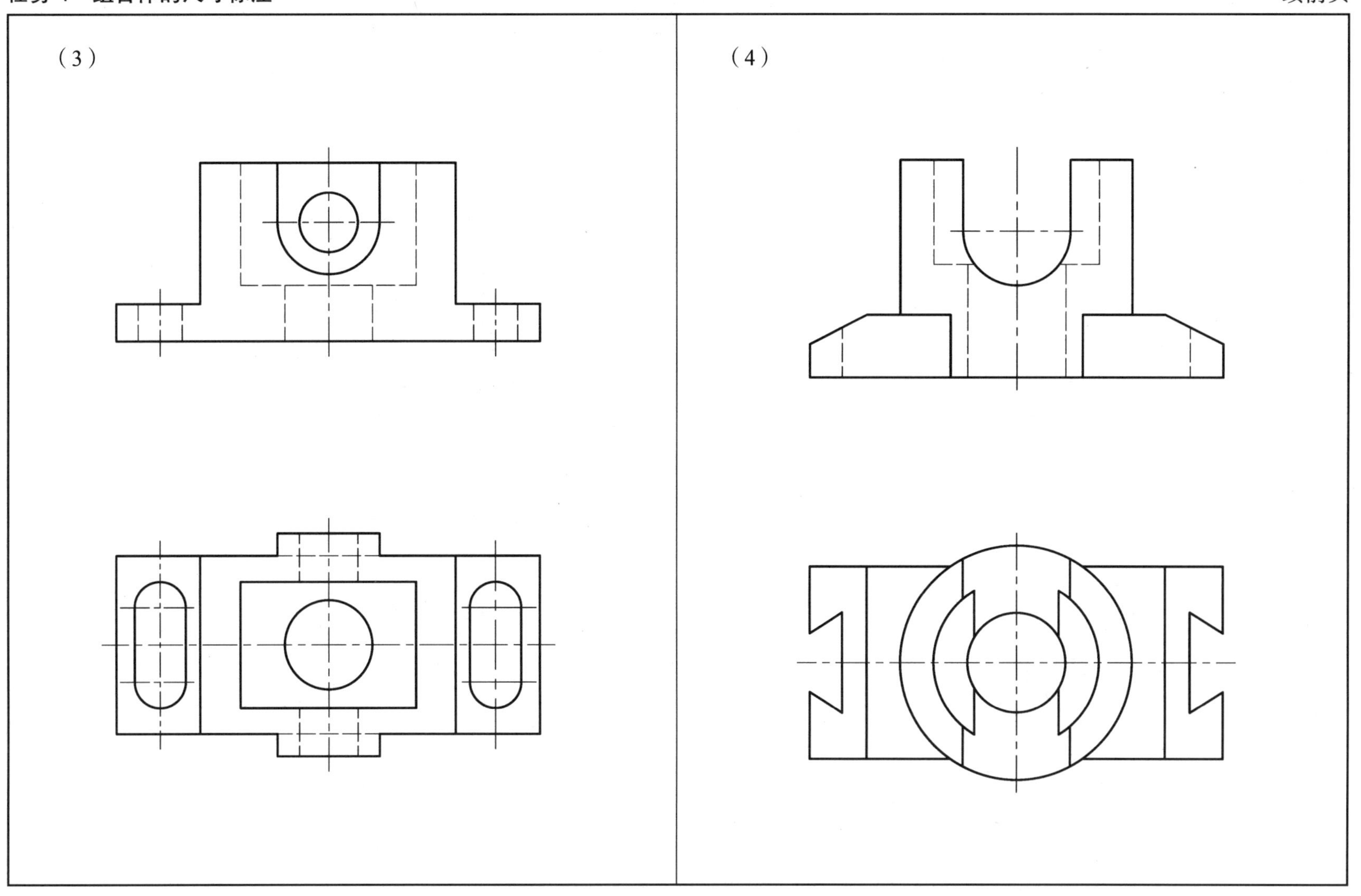

班级________　姓名________　学号________

2. 由组合体的两视图求第三视图，并标注尺寸（尺寸数值在图中直接量取，取整数）。

（1）

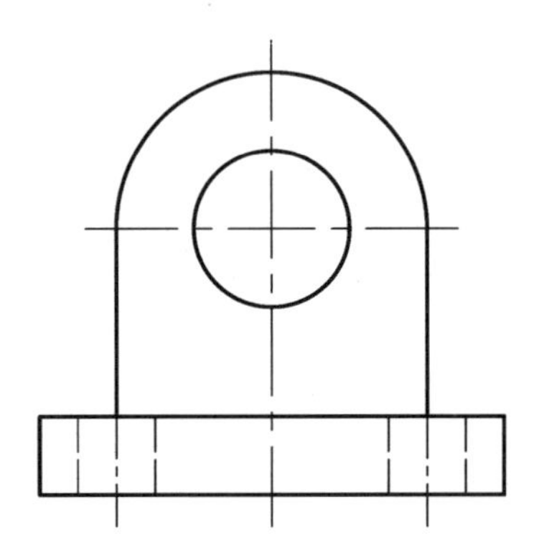

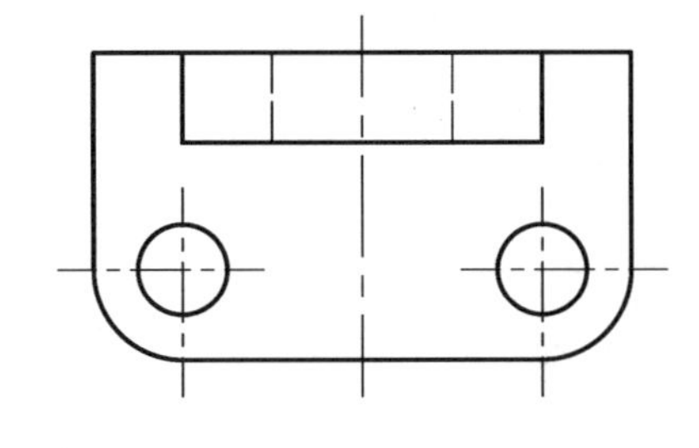

（2）

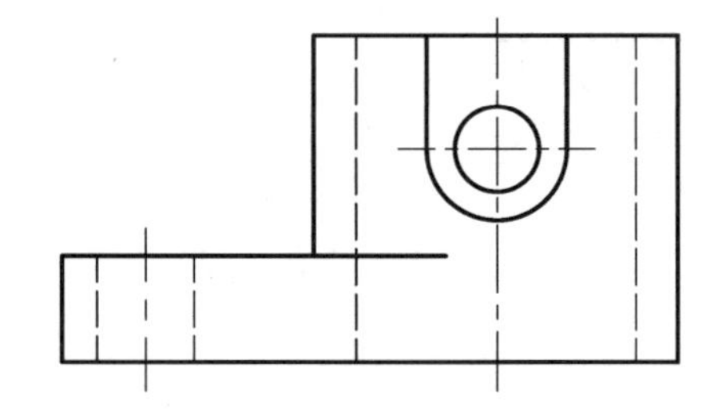

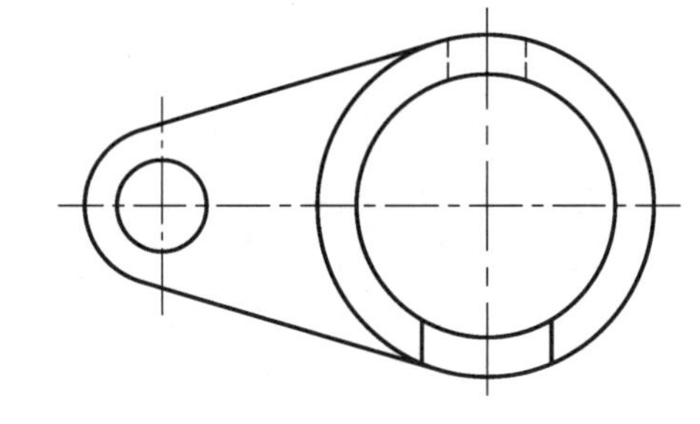

班级＿＿＿＿＿＿　姓名＿＿＿＿＿＿　学号＿＿＿＿＿＿

能力拓展

1. 根据已知组合体的两视图，求作第三视图。

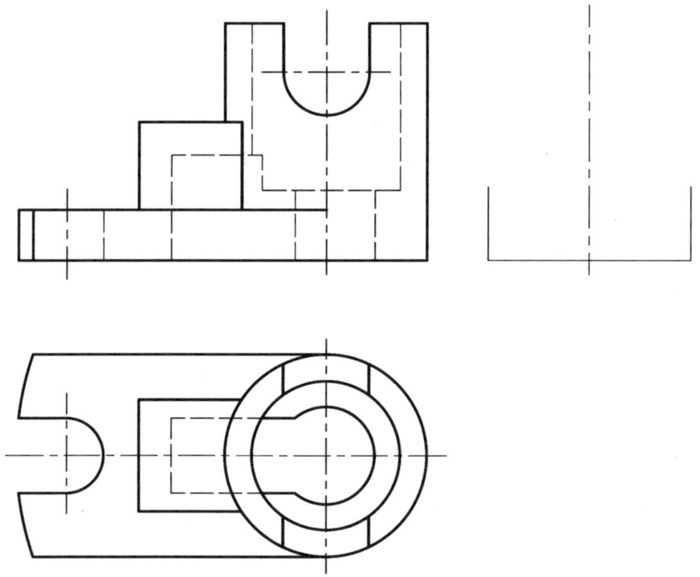

2. 根据已知组合体的两视图，求作第三视图。

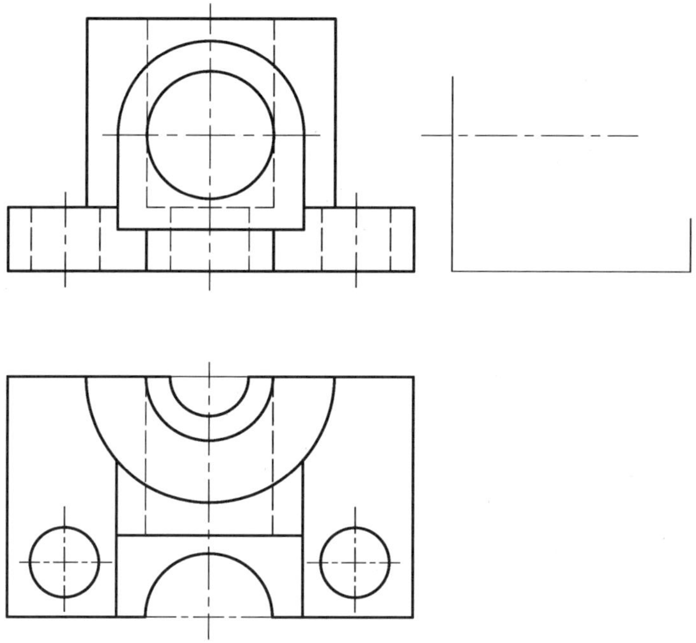

能力拓展

3. 根据所给组合体的两视图，补画第三视图。

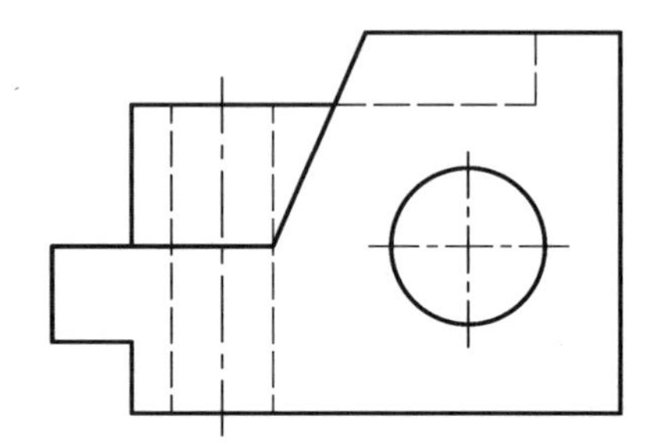

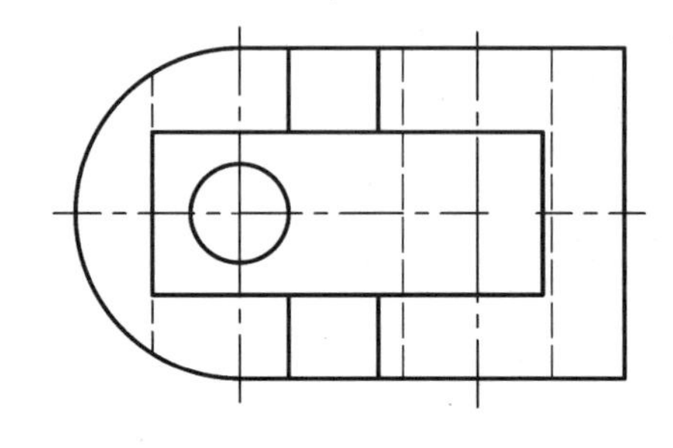

4. 根据所给组合体的两视图，补画第三视图。

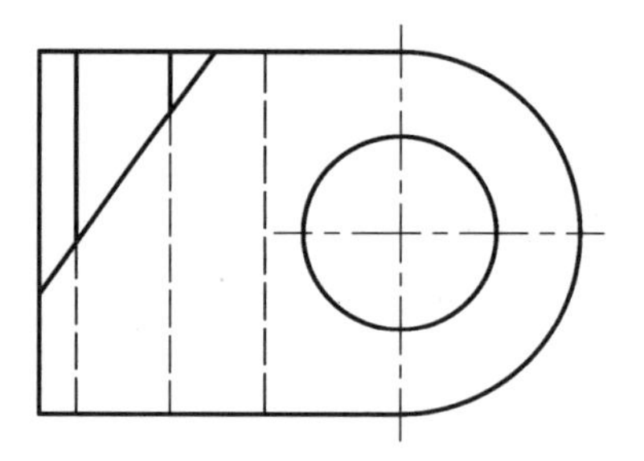

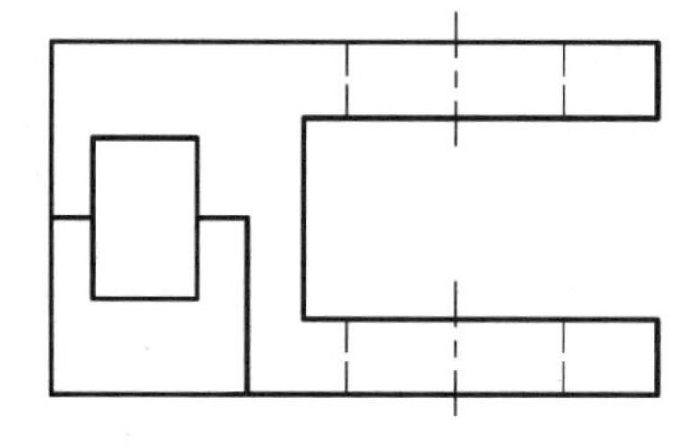

班级______ 姓名______ 学号______

5. 标注组合体尺寸（尺寸数值从图中按照 1:1 量取，取整数）。

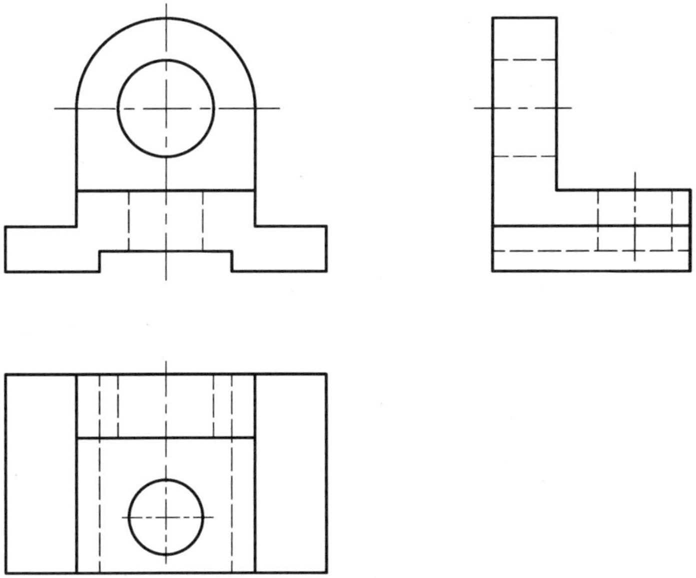

6. 标注组合体尺寸（尺寸数值从图中按照 1:1 量取，取整数）。

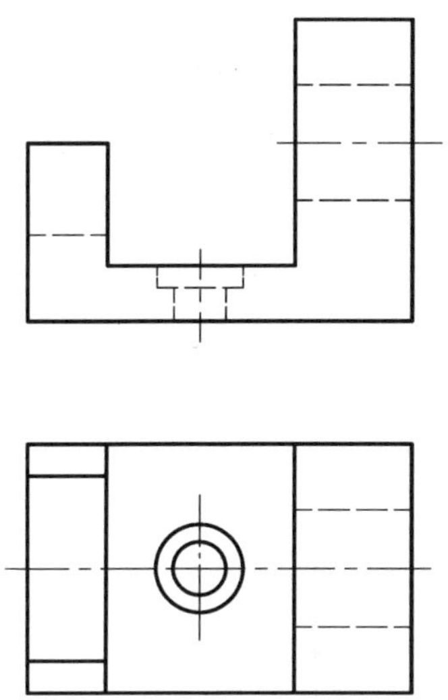

班级 ________ 姓名 ________ 学号 ________

项目五　轴测图

任务　正等轴测图及斜二轴测图

1. 参照给出的视图画出正等轴测图（尺寸在视图上按 1:1 量取，取整数）。

（1）

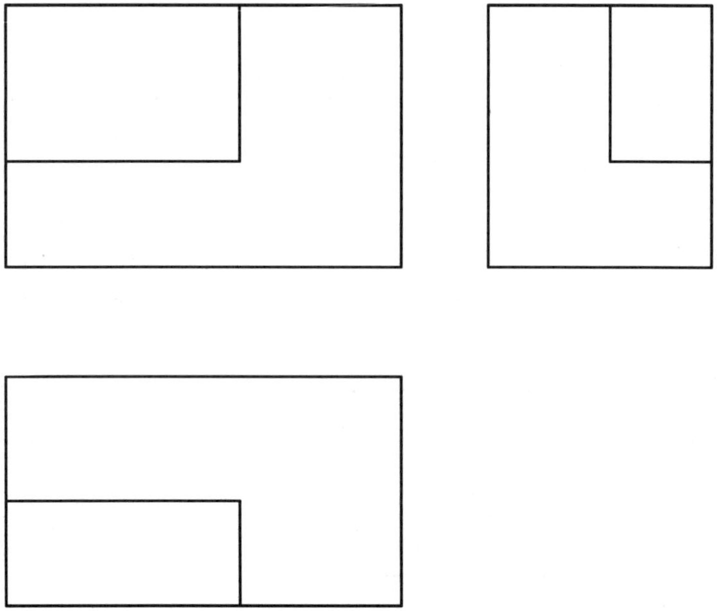

班级________　姓名________　学号________

（2）

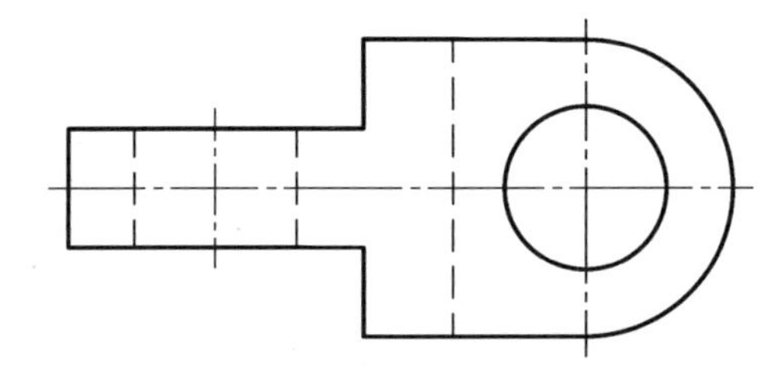

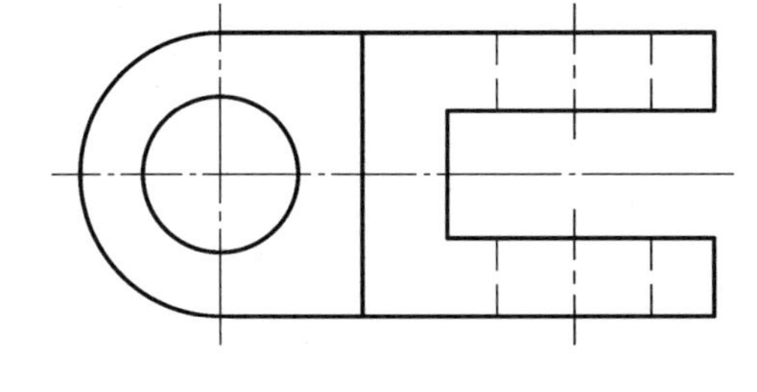

班级__________　姓名__________　学号__________

（3）

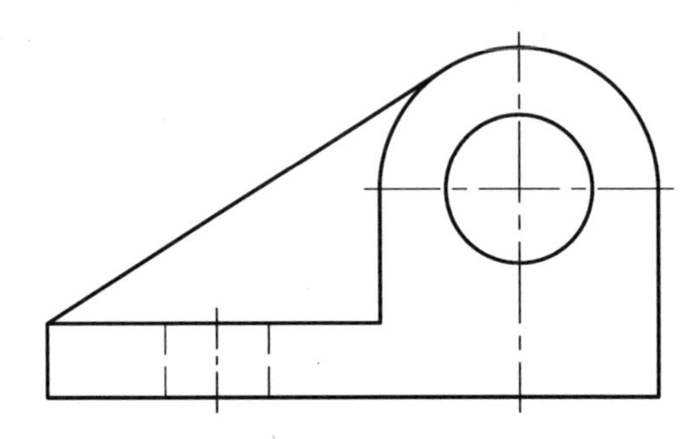

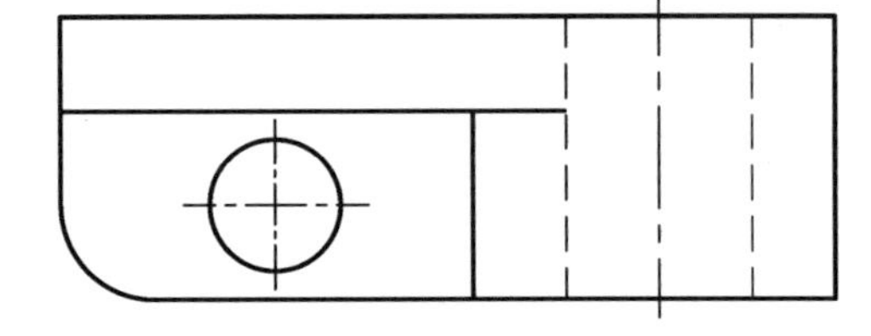

班级＿＿＿＿＿＿＿＿　姓名＿＿＿＿＿＿＿＿　学号＿＿＿＿＿＿＿＿

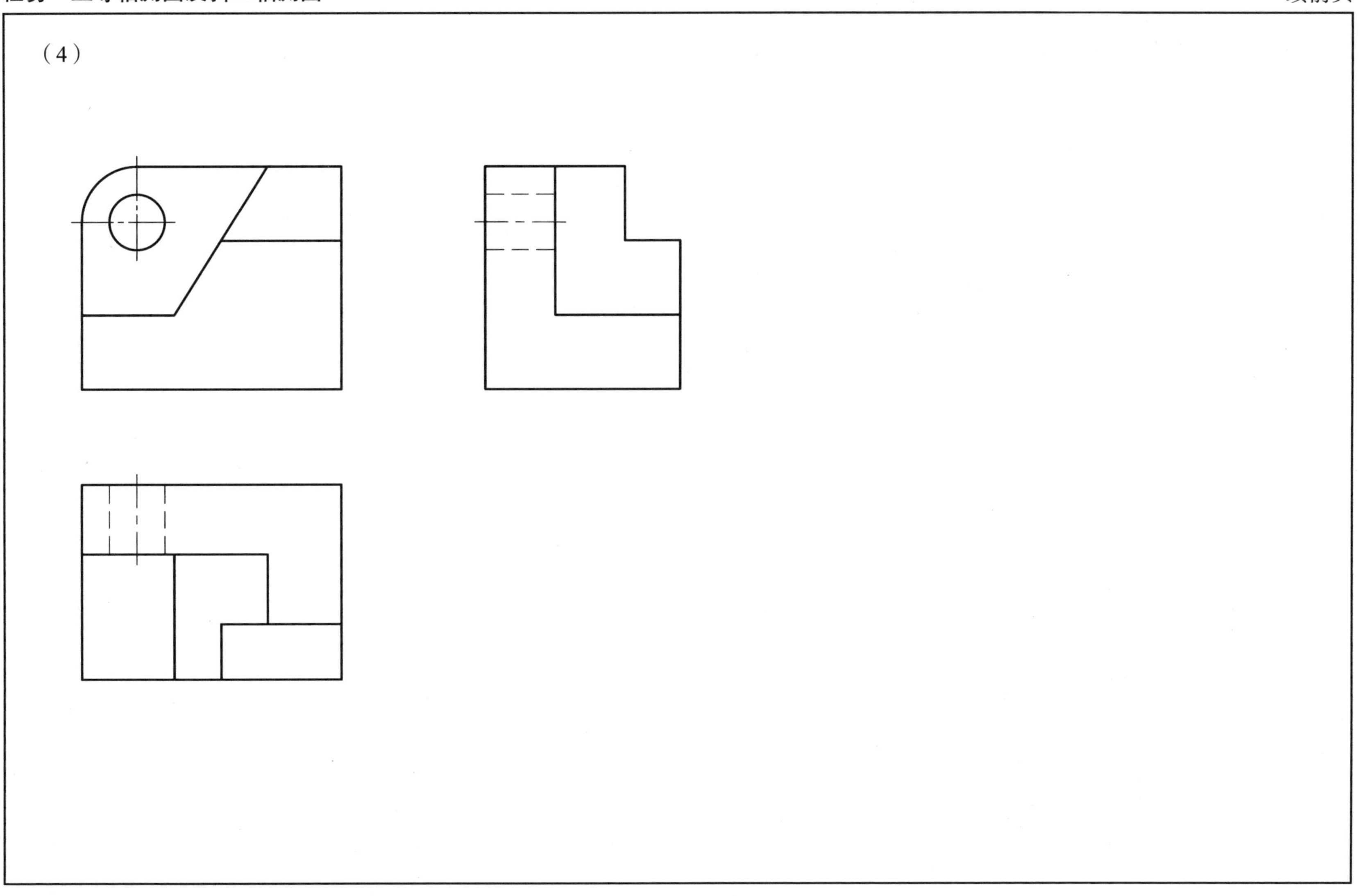

（4）

2. 参照给出的视图画出斜二轴测图 (尺寸在视图上按 1:1 量取，取整数)。

（1）

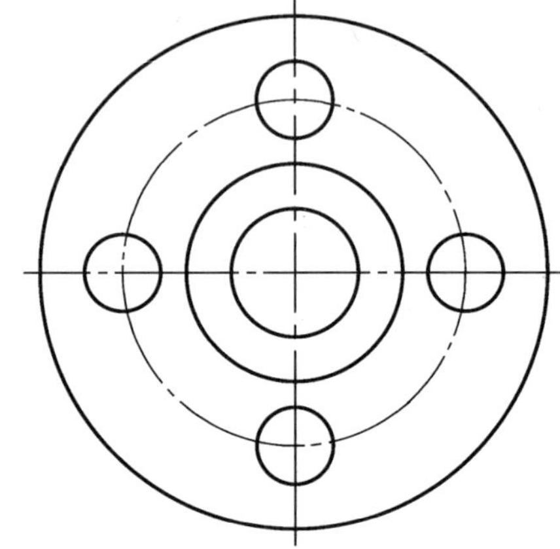

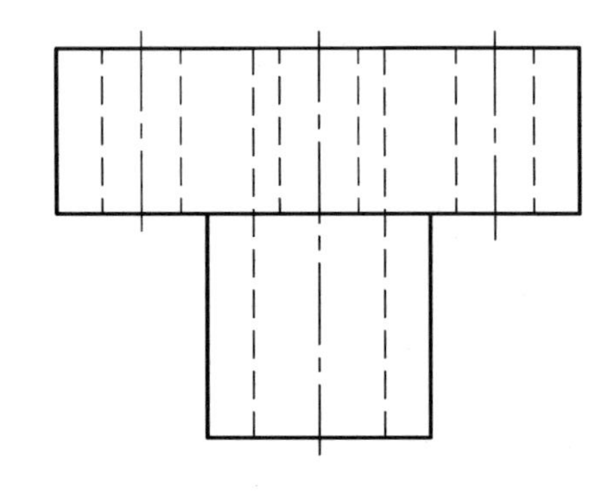

班级＿＿＿＿＿＿＿＿　姓名＿＿＿＿＿＿＿＿　学号＿＿＿＿＿＿＿＿

（2）

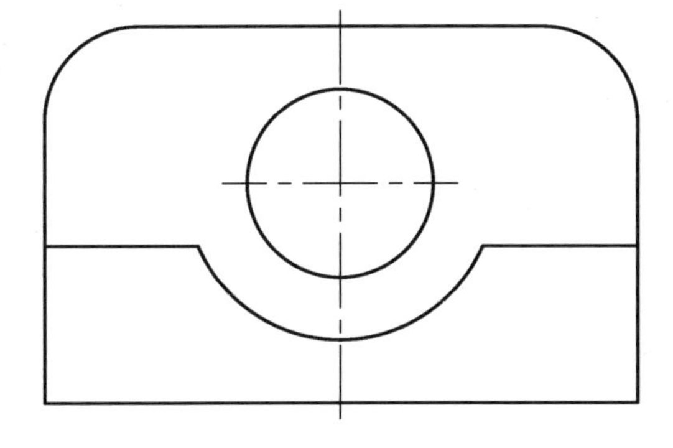

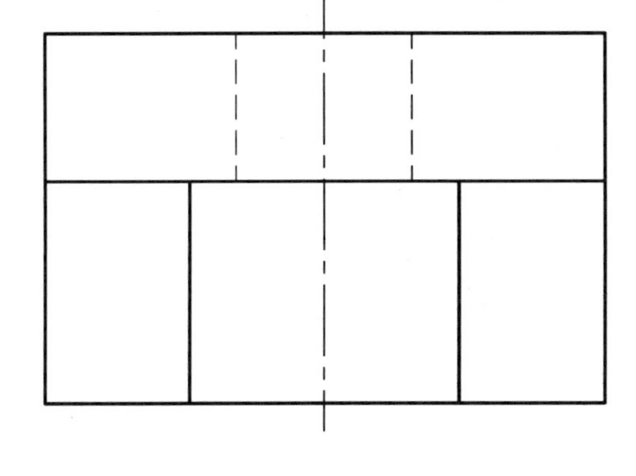

班级＿＿＿＿＿＿＿＿＿＿　姓名＿＿＿＿＿＿＿＿＿＿　学号＿＿＿＿＿＿＿＿＿＿

项目六　机件的表达方法

任务 1　视图的画法

1. 参照主视图和俯视图，作出左视图及右视图。

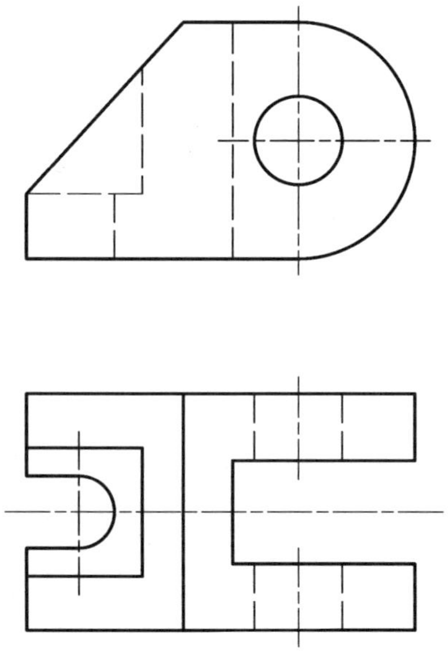

2. 作 A 向局部视图和 B 向斜视图。

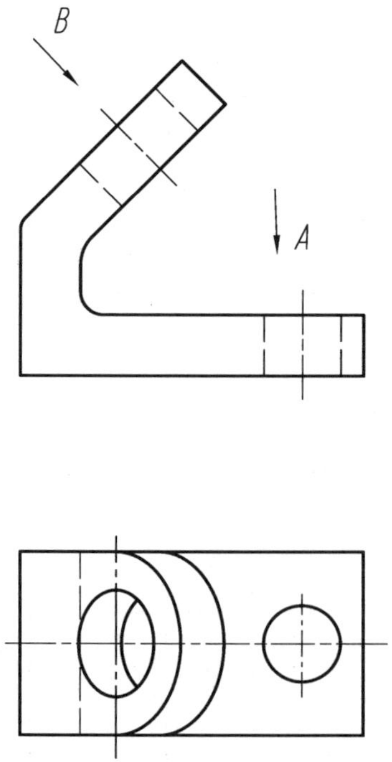

B

A

班级＿＿＿＿＿＿　姓名＿＿＿＿＿＿　学号＿＿＿＿＿＿

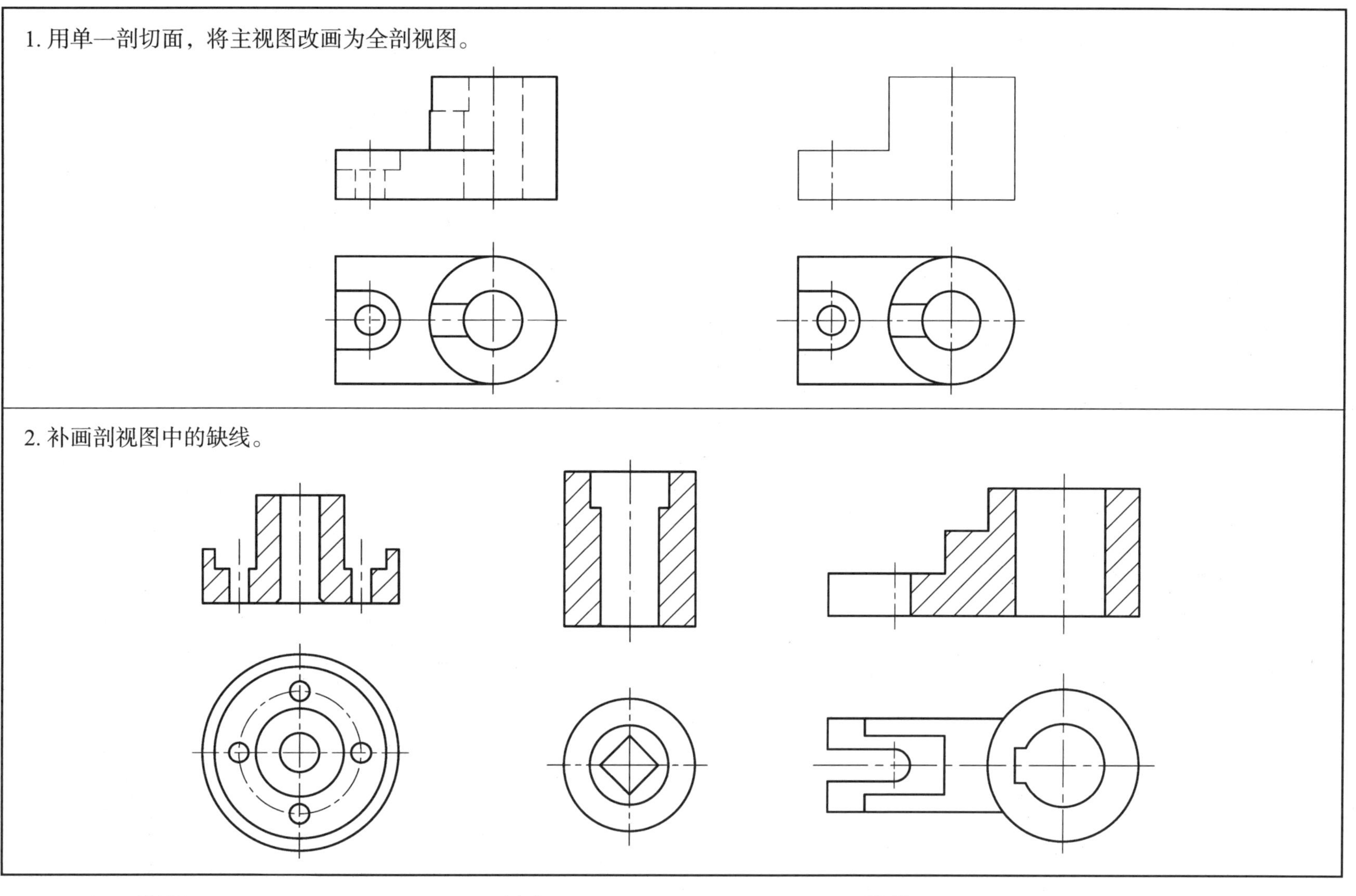

班级______________　姓名______________　学号______________

3. 用单一剖切面，作全剖的左视图。

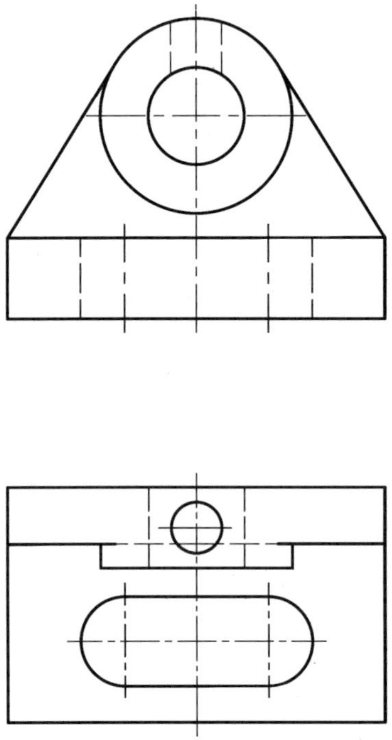

4. 用平行的剖切平面，将主视图改画为全剖视图。

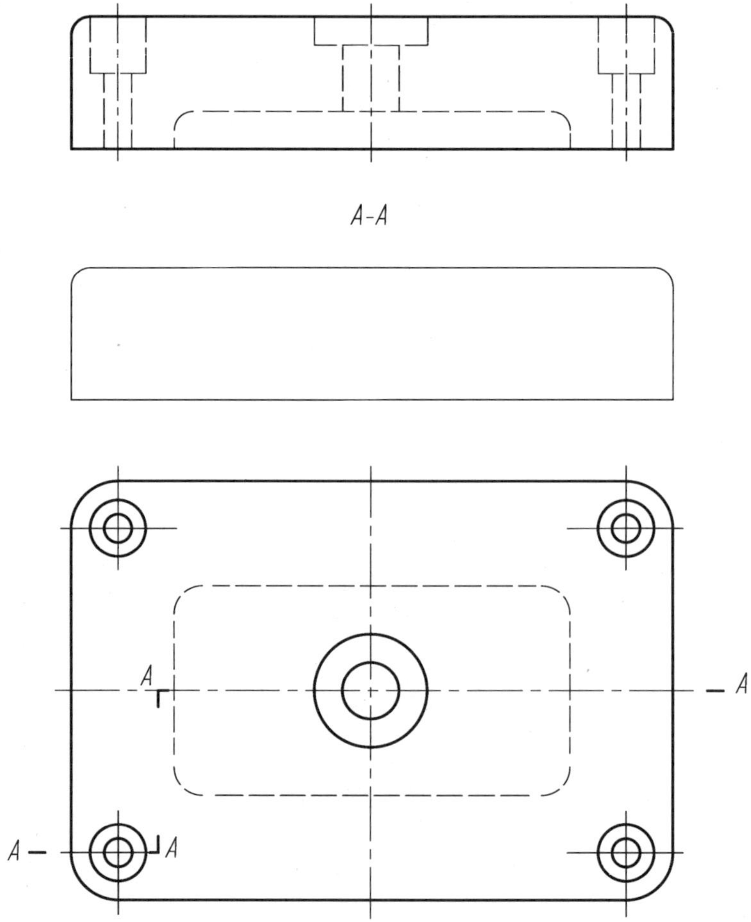

A-A

A A A A

班级＿＿＿＿＿＿ 姓名＿＿＿＿＿＿ 学号＿＿＿＿＿＿

5. 用平行的剖切平面，将主视图改画为全剖视图。

6. 用相交的剖切平面，将主视图改画为全剖视图。

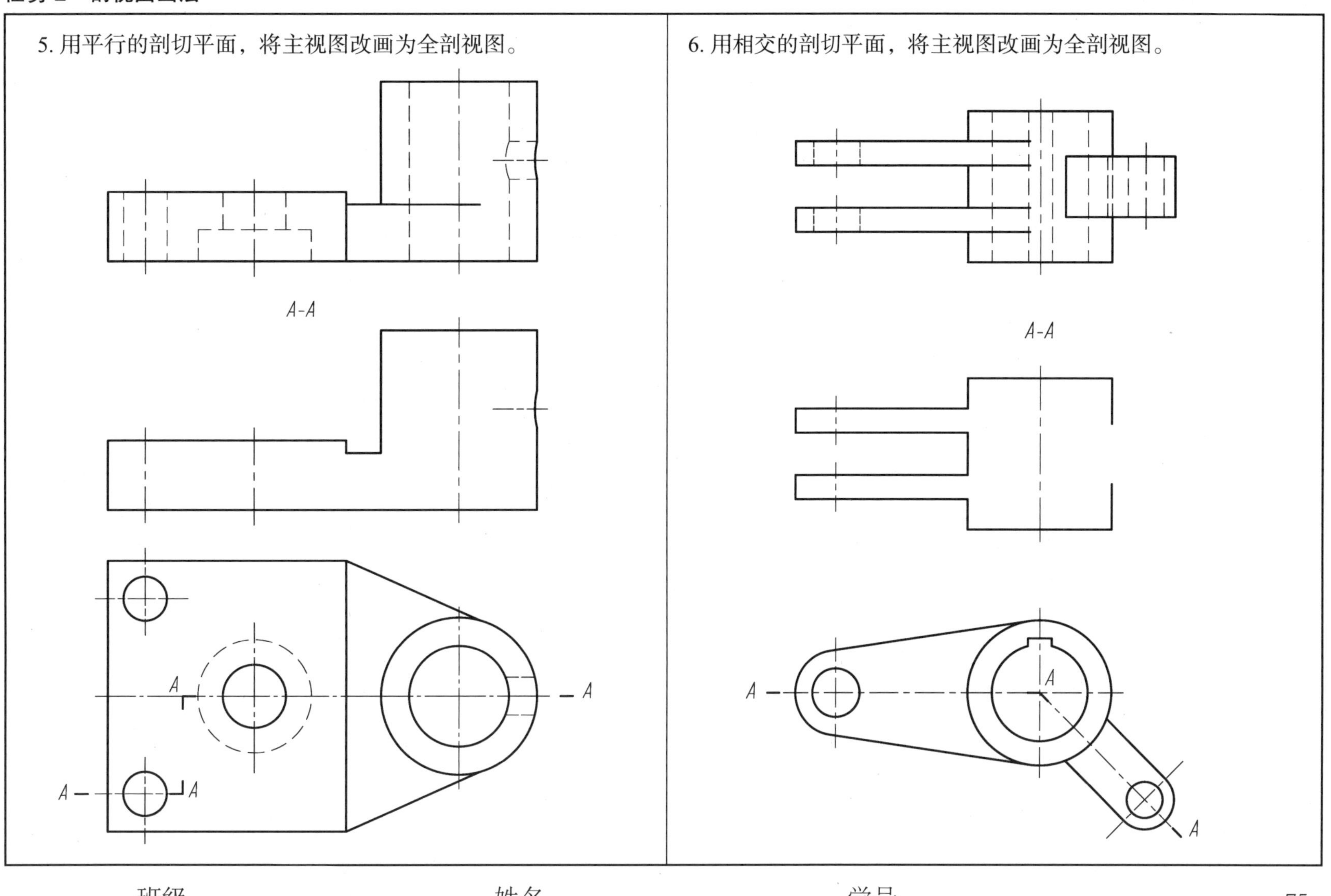

班级＿＿＿＿＿＿　姓名＿＿＿＿＿＿　学号＿＿＿＿＿＿

7. 用相交的剖切平面，将主视图改画为全剖视图。

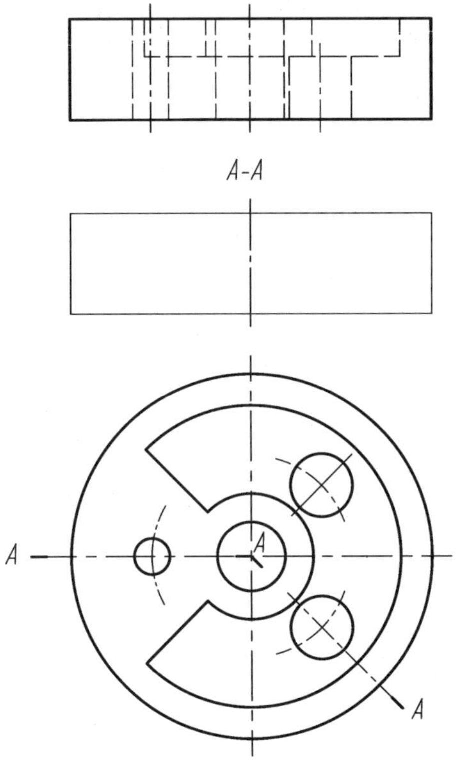

A-A

A

A

A

8. 读懂主、俯视图，画出全剖的左视图。

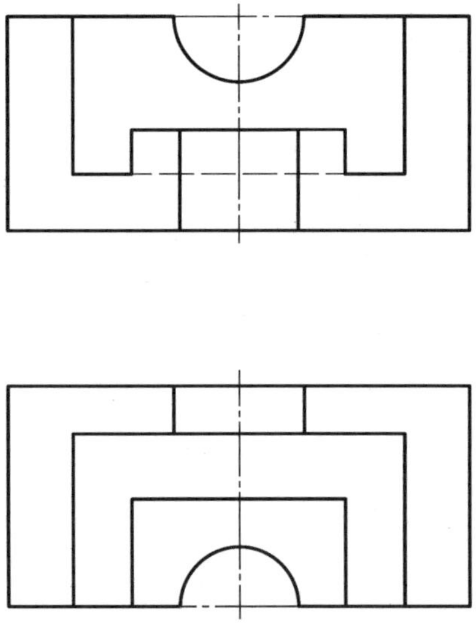

班级________________ 姓名________________ 学号________________

1. 将主视图改画为半剖视图，并补画全剖的左视图。

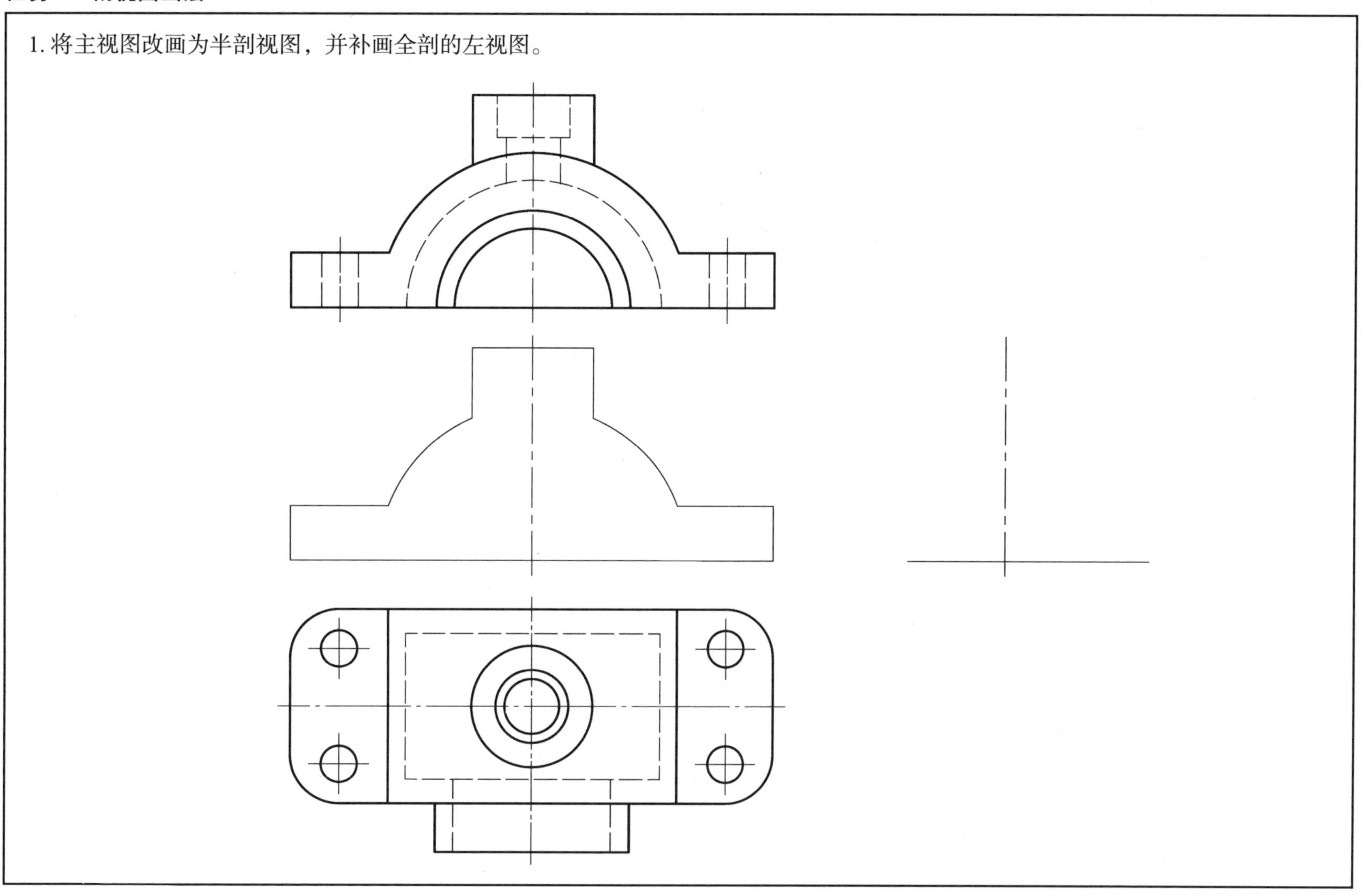

班级＿＿＿＿＿＿＿＿　姓名＿＿＿＿＿＿＿＿　学号＿＿＿＿＿＿＿＿

2. 将主视图改画为半剖视图，并补画全剖的左视图。

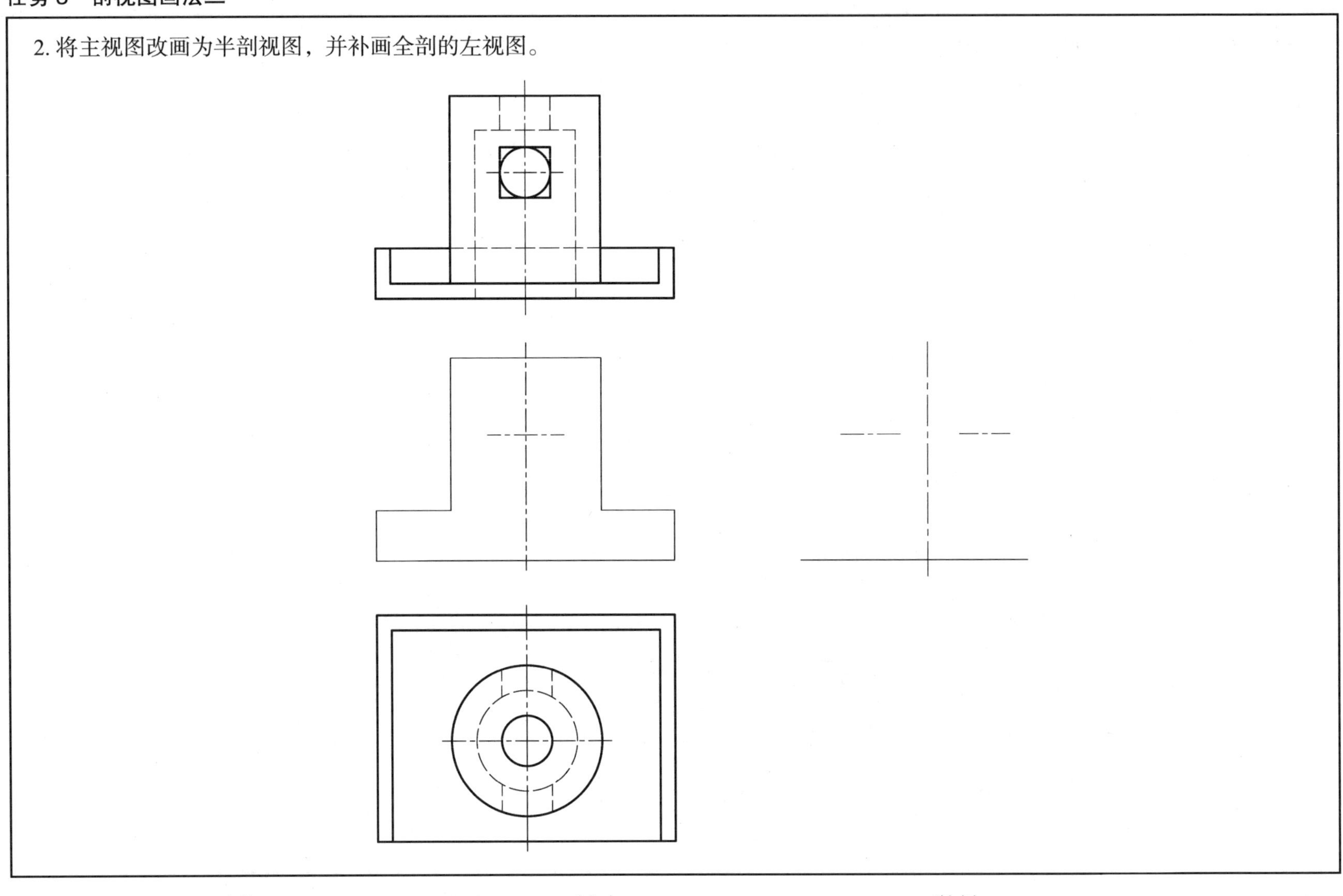

班级 ________　姓名 ________　学号 ________

3. 将主视图改画为全剖视图，并补画半剖的左视图。

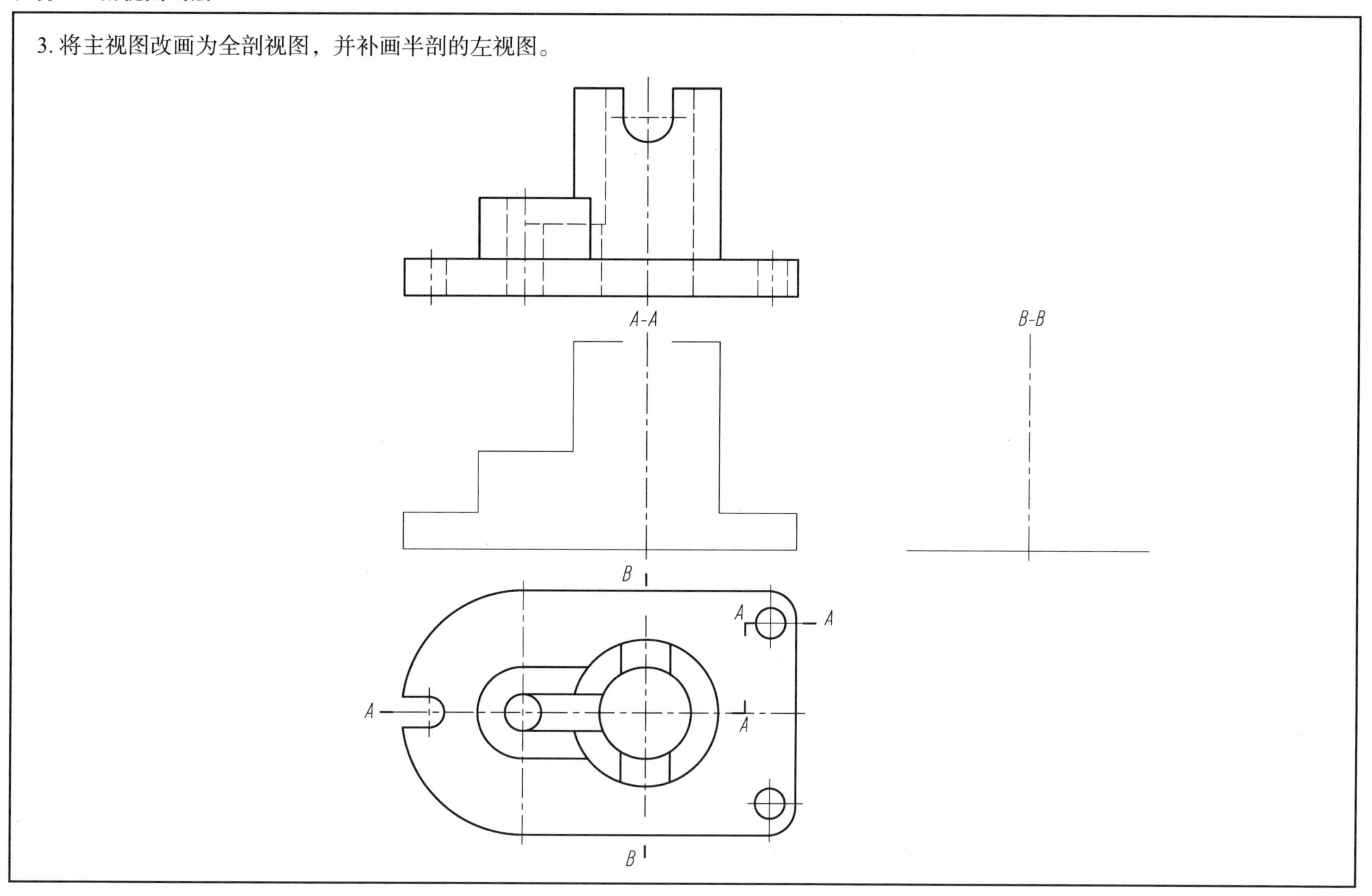

班级________ 姓名________ 学号________

4. 将主视图改画为半剖视图，并补画全剖的左视图。

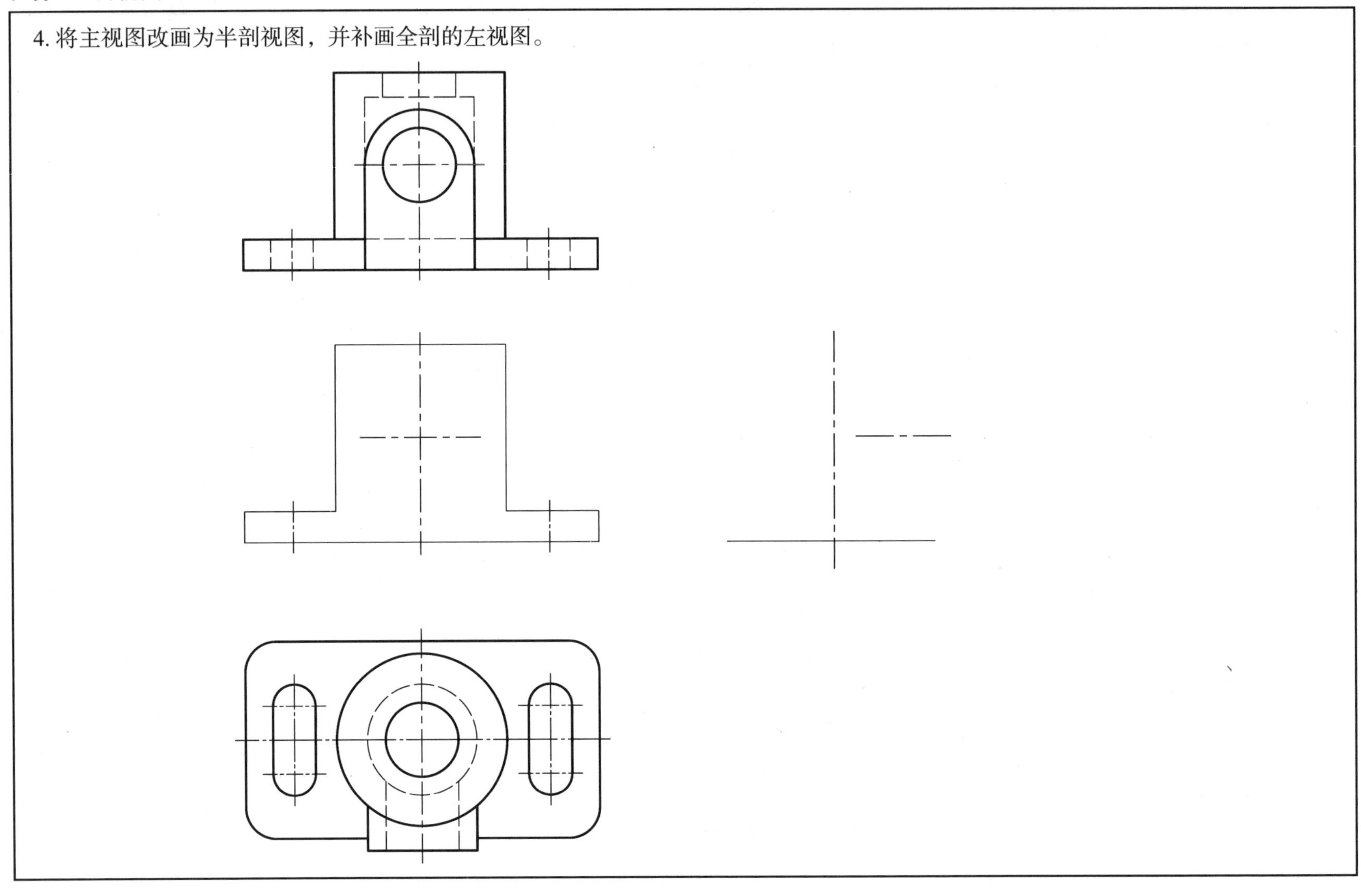

 班级________ 姓名________ 学号________

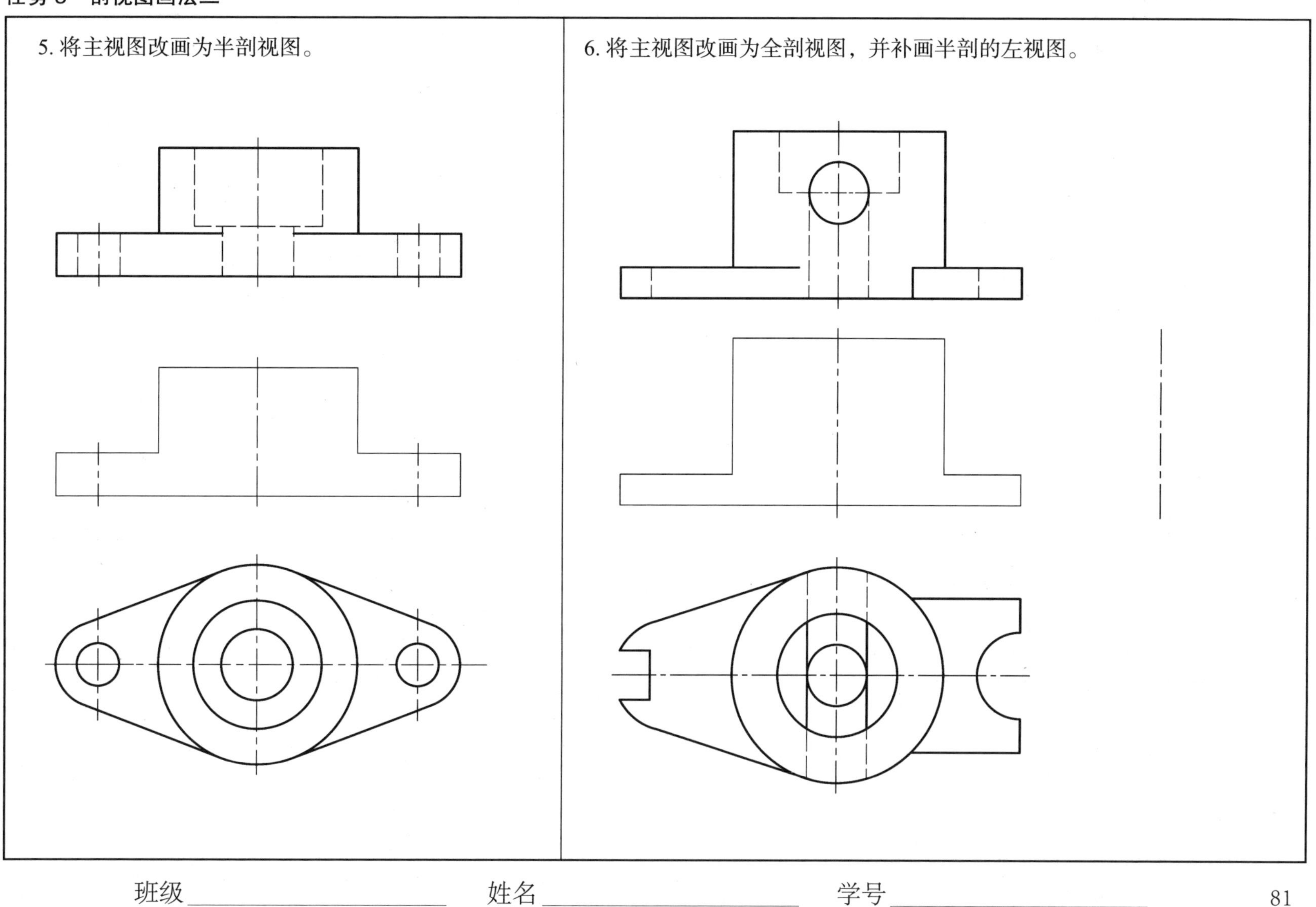

班级________　姓名________　学号________

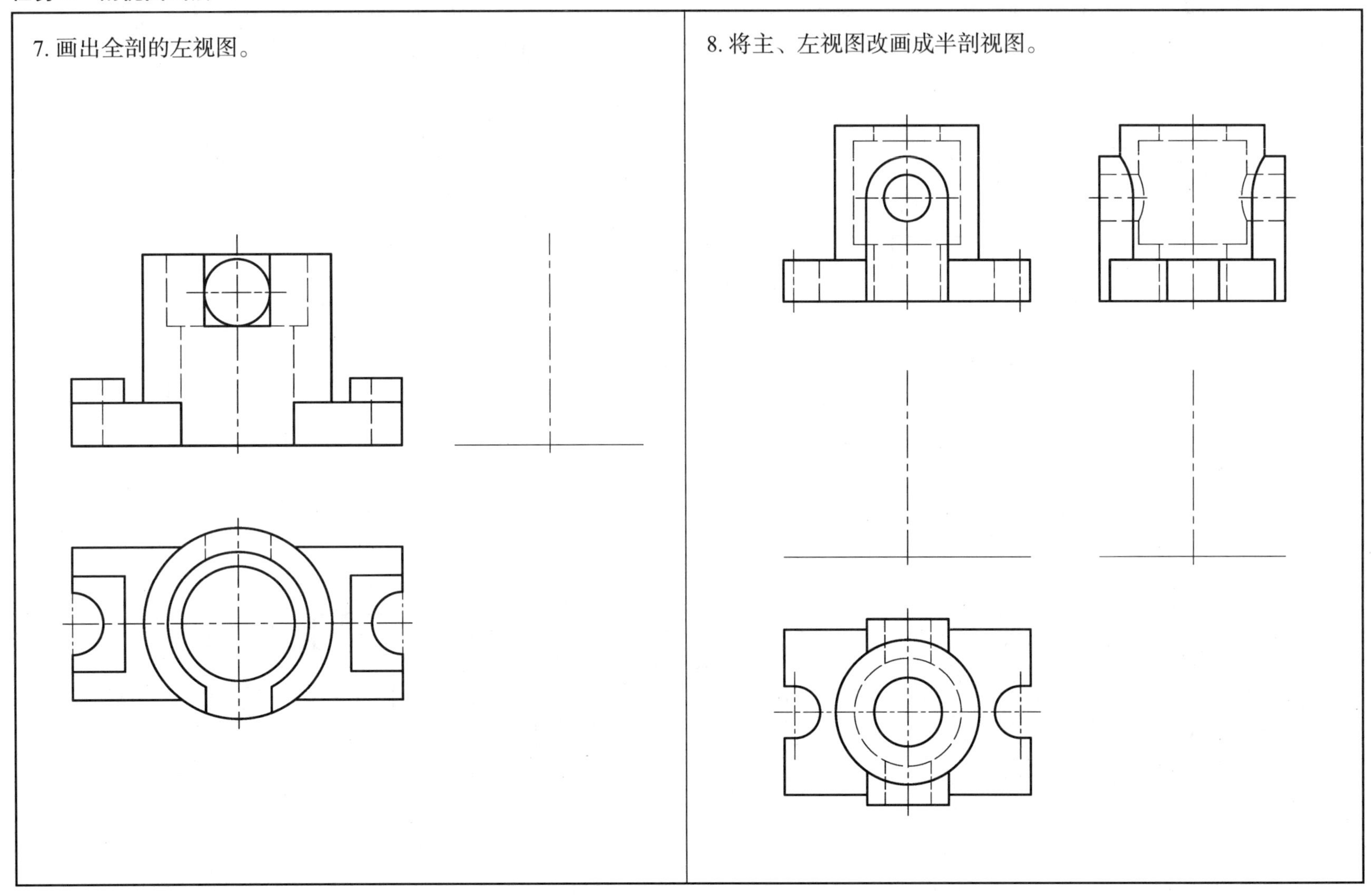

班级＿＿＿＿＿＿＿＿　姓名＿＿＿＿＿＿＿＿　学号＿＿＿＿＿＿＿＿

9. 将主视图改画为全剖视图，左视图改画为半剖视图。

10. 将主视图改画为半剖视图，并补画全剖的左视图。

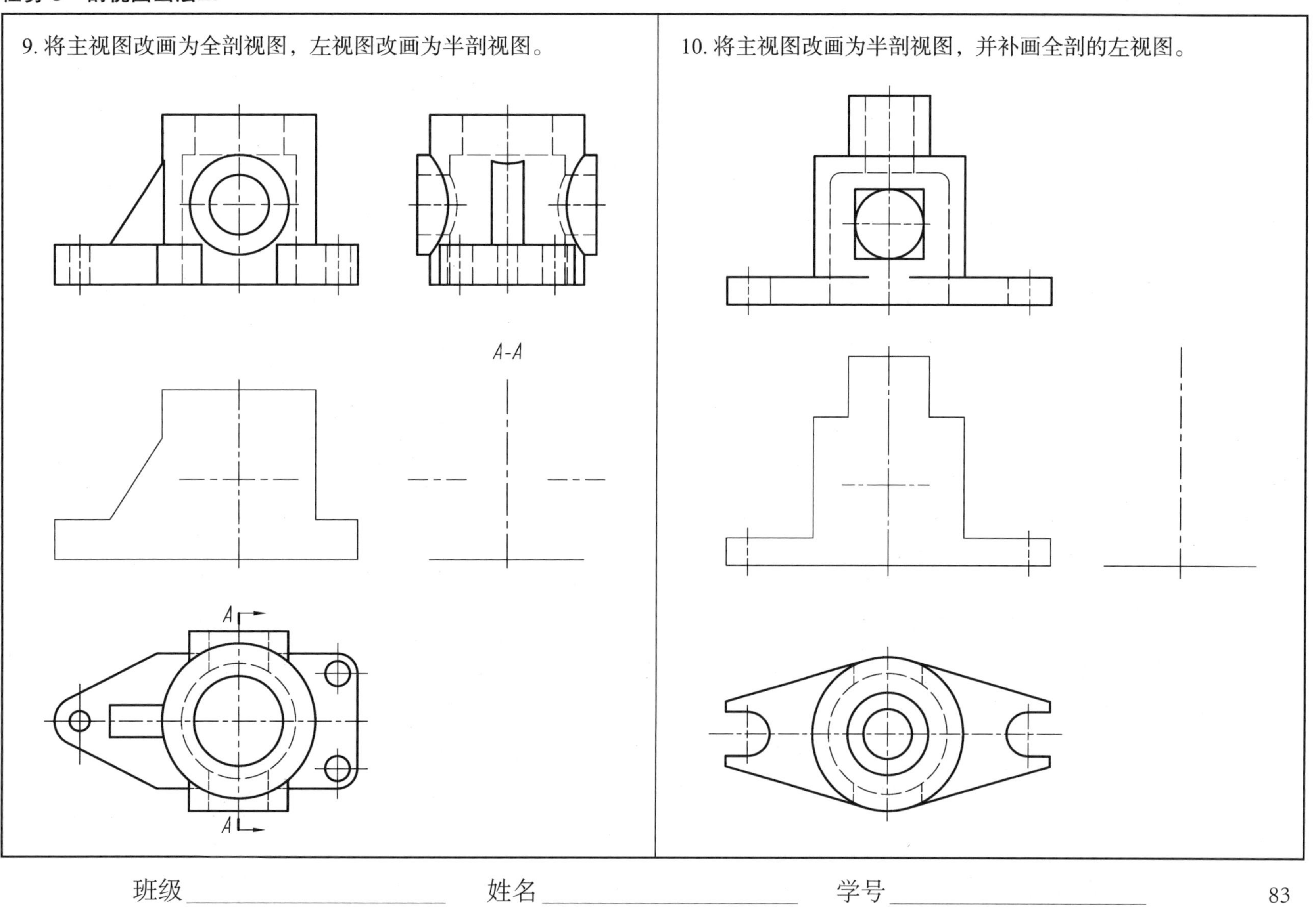

班级＿＿＿＿＿＿＿＿　姓名＿＿＿＿＿＿＿＿　学号＿＿＿＿＿＿＿＿

11. 选择合适的位置，将右侧的主、俯视图改画成局部剖视图。

12. 选择合适的位置，将右侧的主、俯视图改画成局部剖视图。

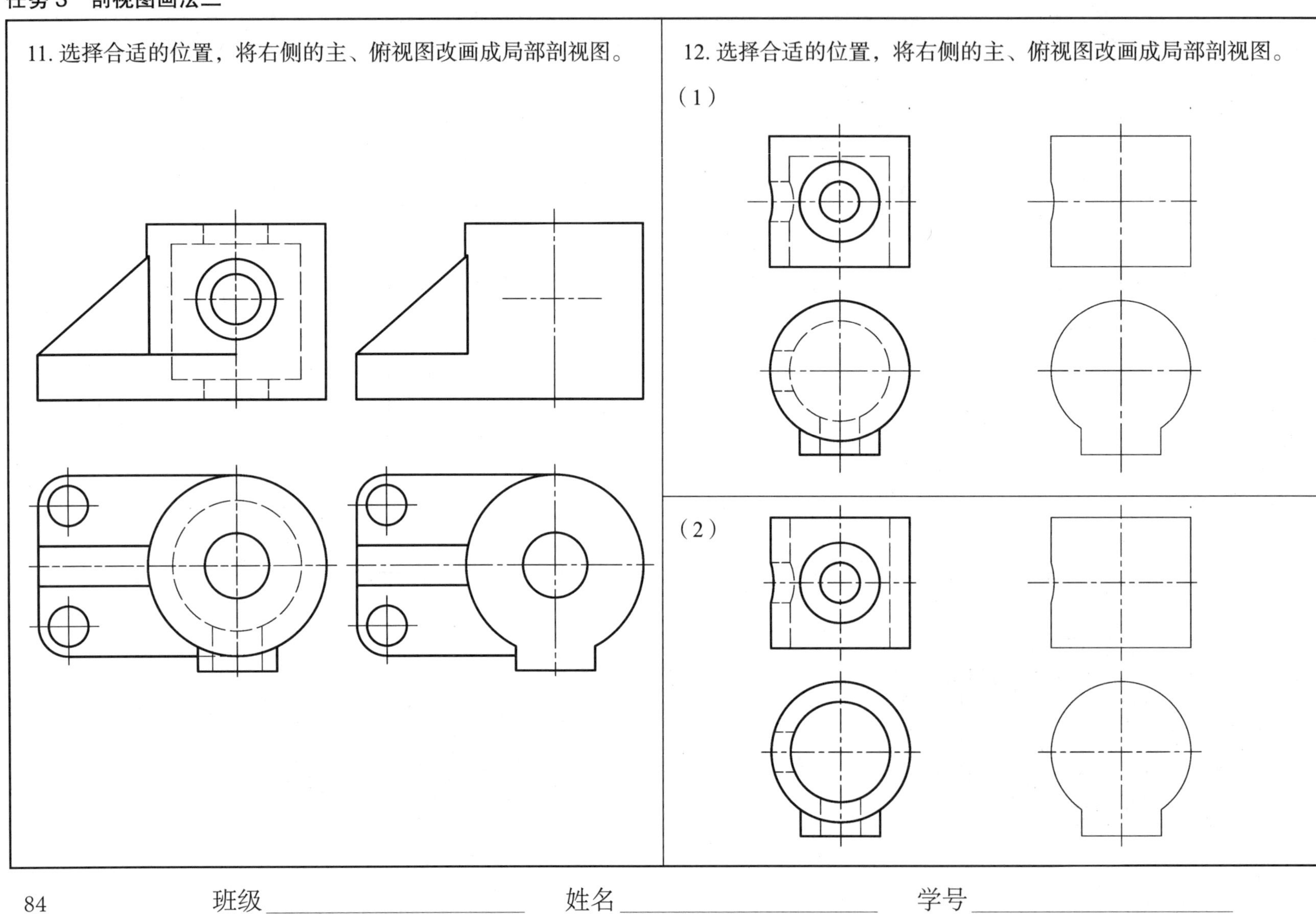

班级＿＿＿＿＿＿　姓名＿＿＿＿＿＿　学号＿＿＿＿＿＿

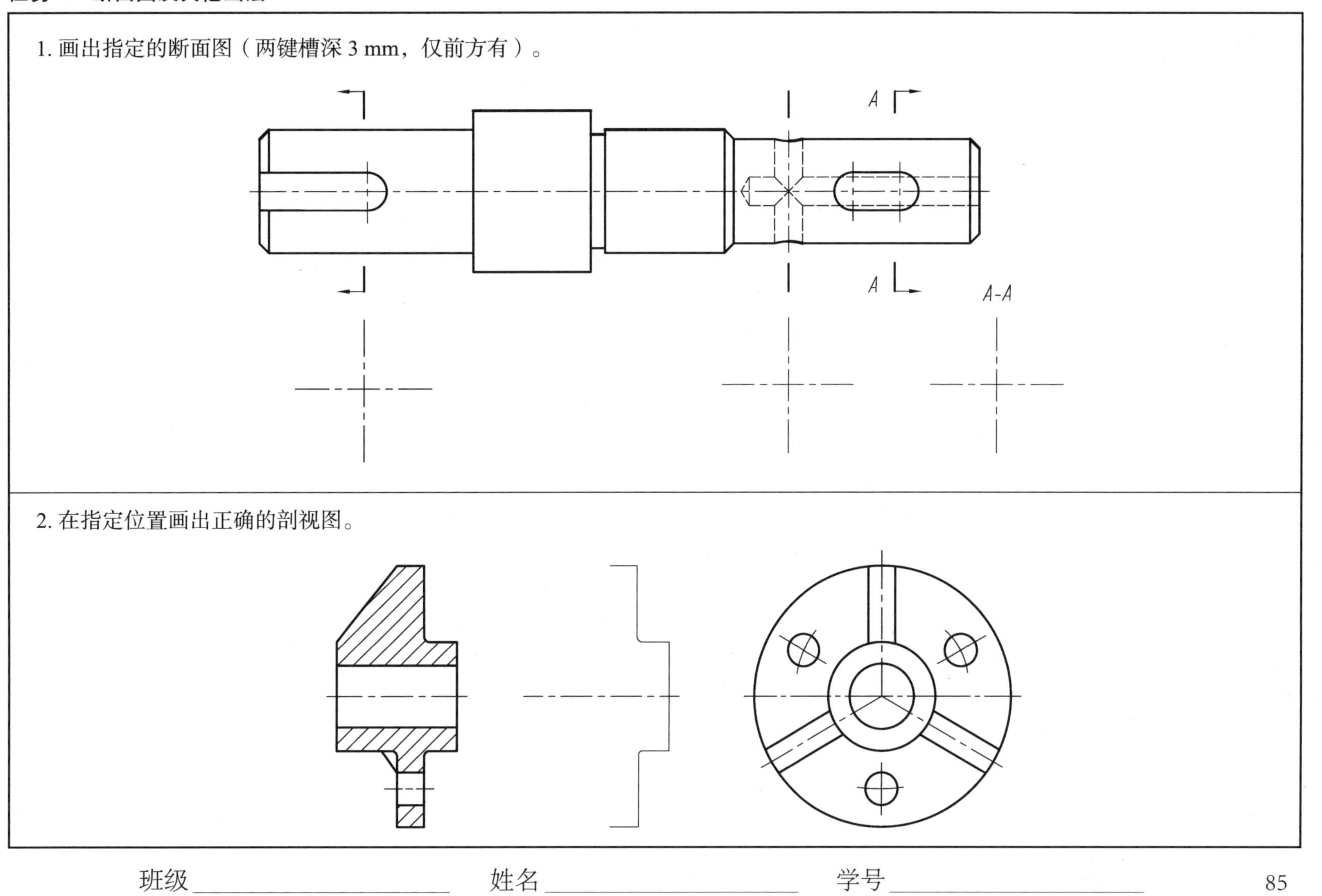

1. 画出指定的断面图（两键槽深 3 mm，仅前方有）。

2. 在指定位置画出正确的剖视图。

班级＿＿＿＿＿＿＿＿　姓名＿＿＿＿＿＿＿＿　学号＿＿＿＿＿＿＿＿

3. 找出正确的移出断面图，并在括号内画“√”。

（1）

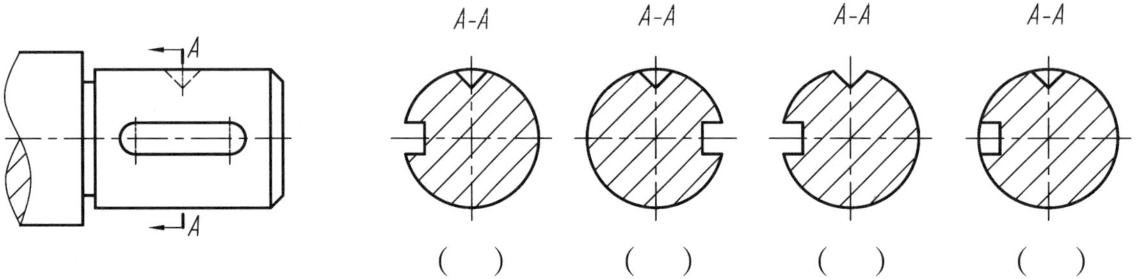

A　A-A　A-A　A-A　A-A

（　）　（　）　（　）　（　）

（2）

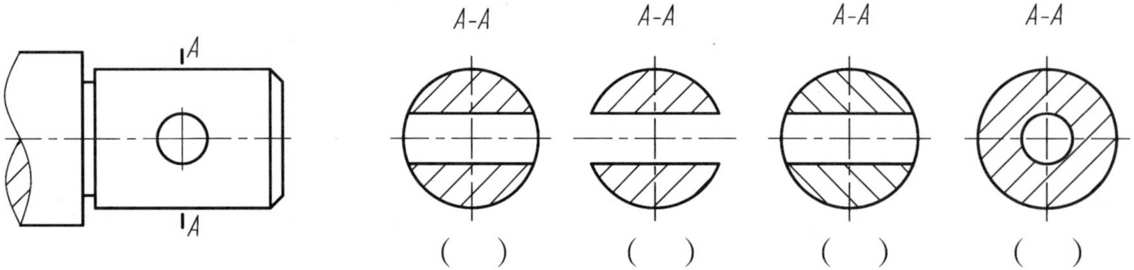

A　A-A　A-A　A-A　A-A

（　）　（　）　（　）　（　）

　班级__________　姓名__________　学号__________

1. 综合练习：根据给出的机件视图，选择适当的表达方案，画出其所需的剖视图、断面图和其他视图，并合理标注尺寸。

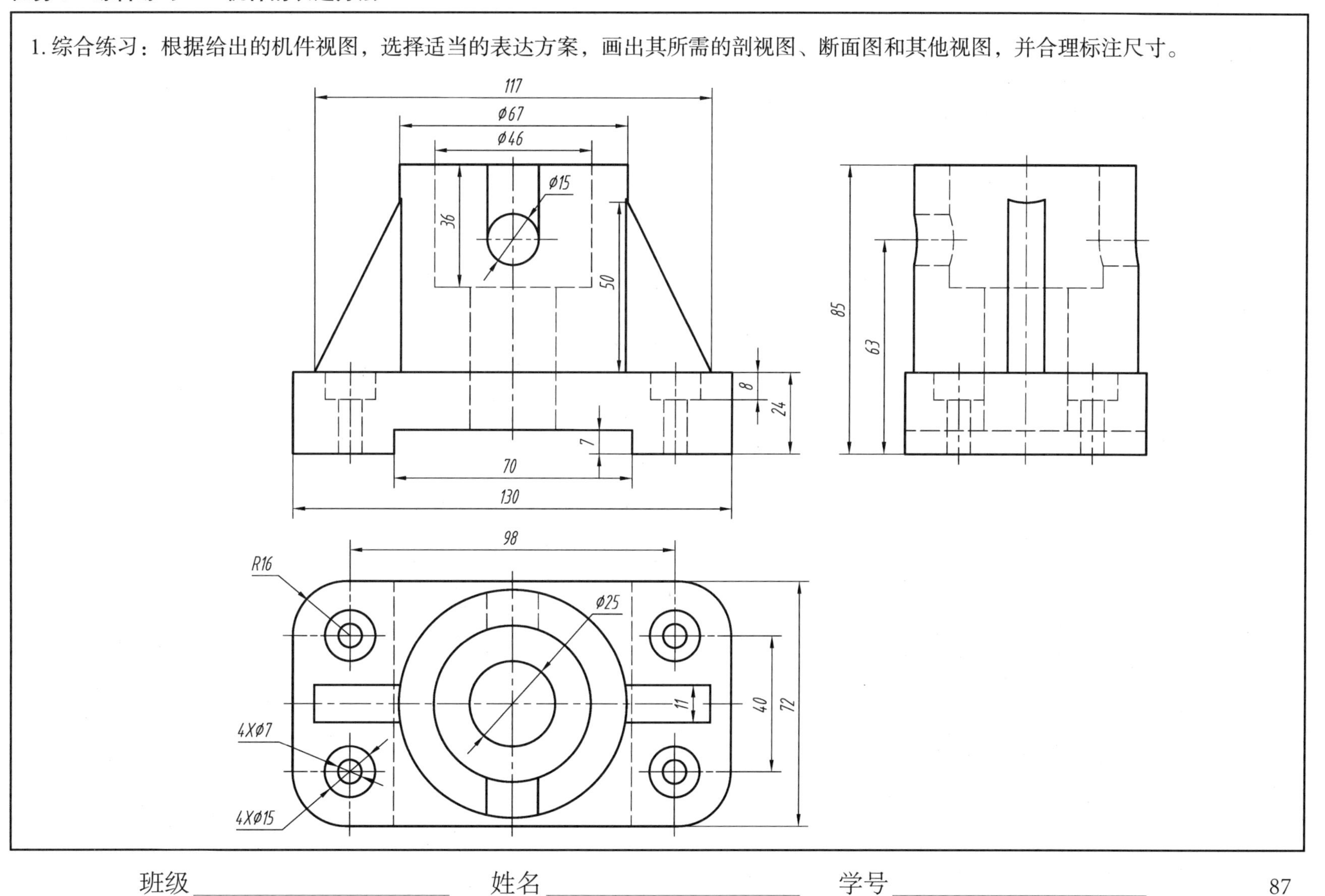

班级＿＿＿＿＿＿＿＿　姓名＿＿＿＿＿＿＿＿　学号＿＿＿＿＿＿＿＿

能力拓展

1. 求作 *A*-*A* 半剖的主视图。

2. 求作全剖的左视图。

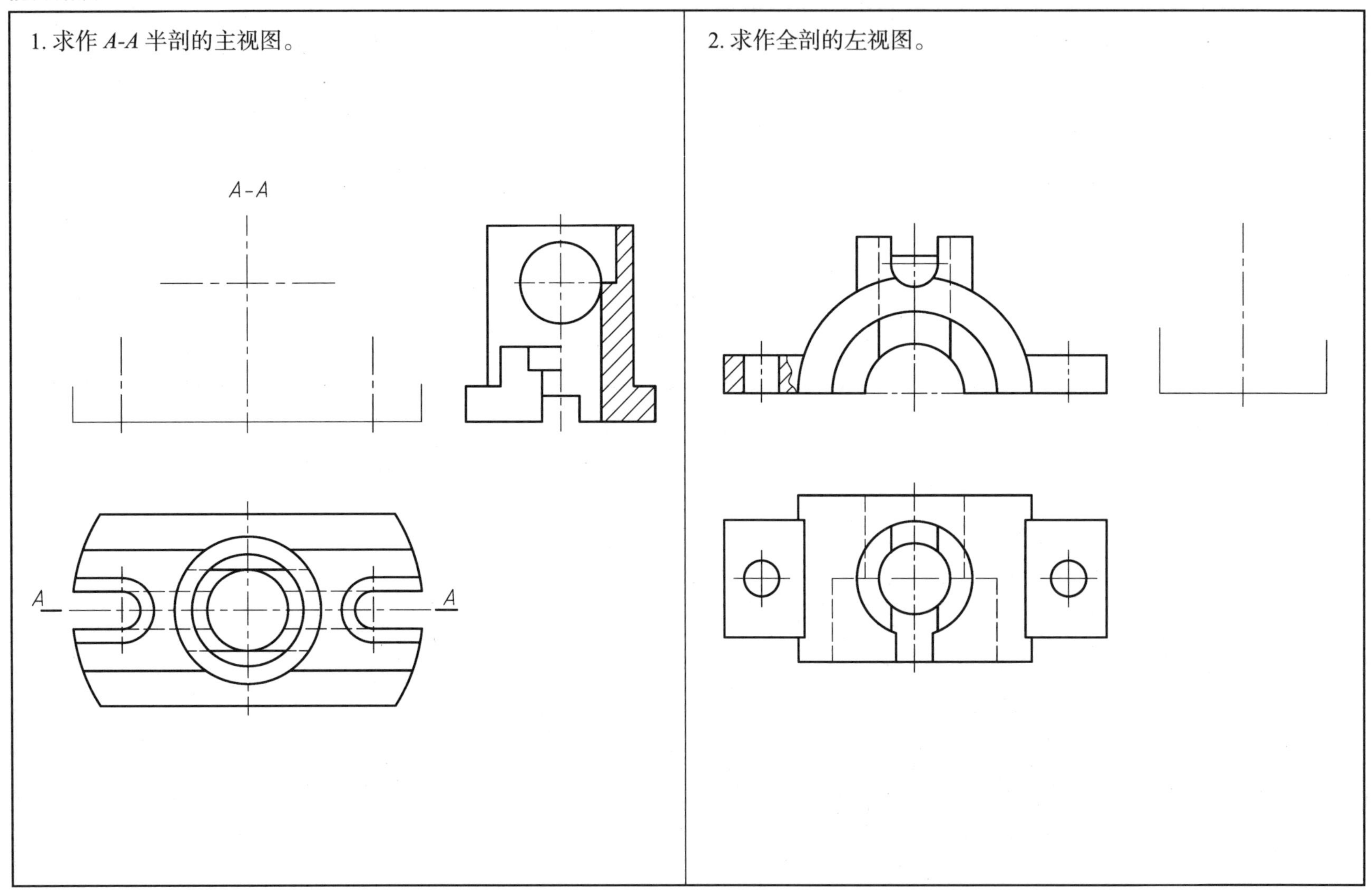

班级 ____________ 姓名 ____________ 学号 ____________

能力拓展

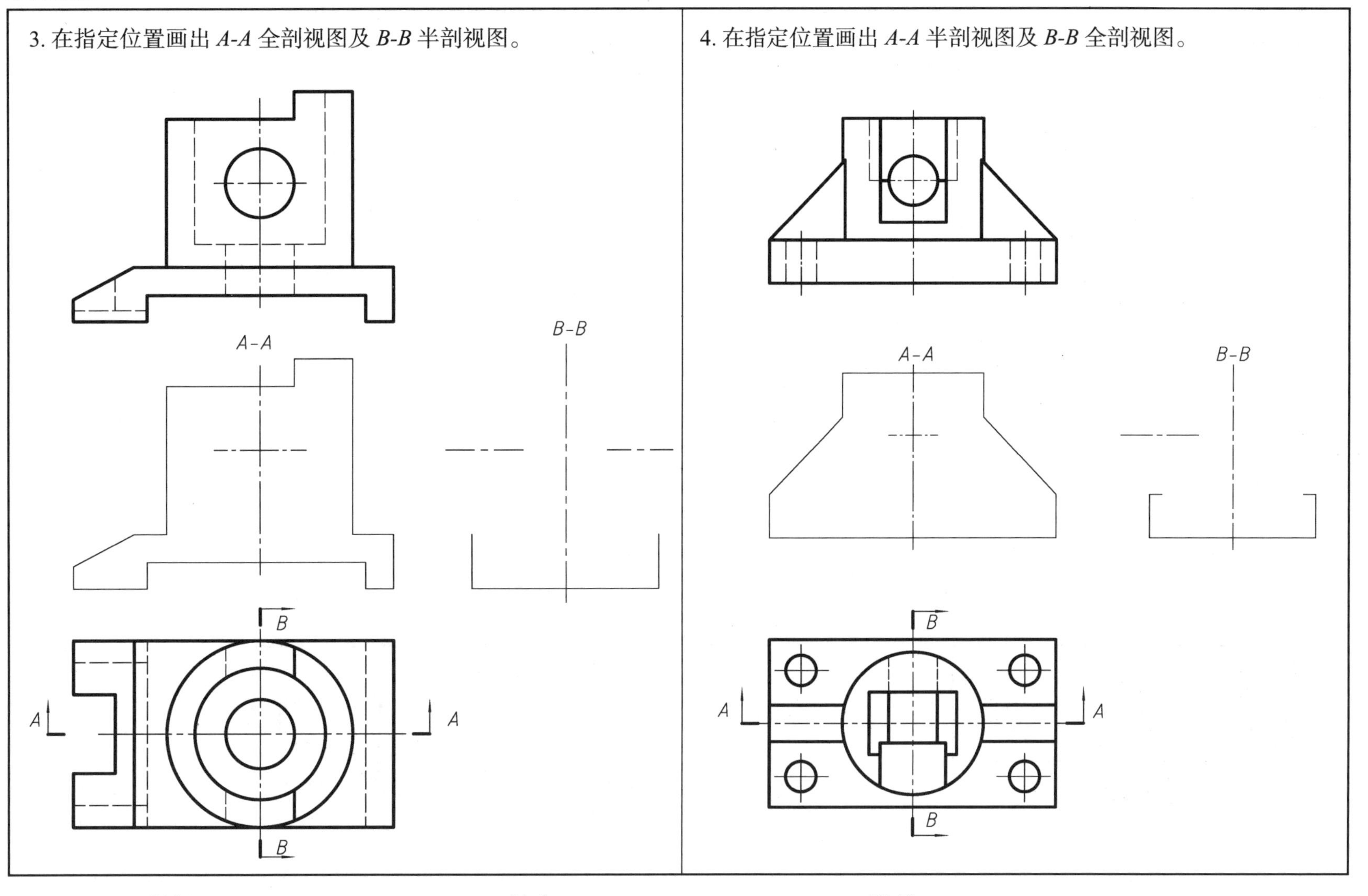
3. 在指定位置画出 A-A 全剖视图及 B-B 半剖视图。
A-A
B-B
A
A
B
B
4. 在指定位置画出 A-A 半剖视图及 B-B 全剖视图。
A-A
B-B
A
A
B
B

班级＿＿＿＿＿＿ 姓名＿＿＿＿＿＿ 学号＿＿＿＿＿＿

能力拓展

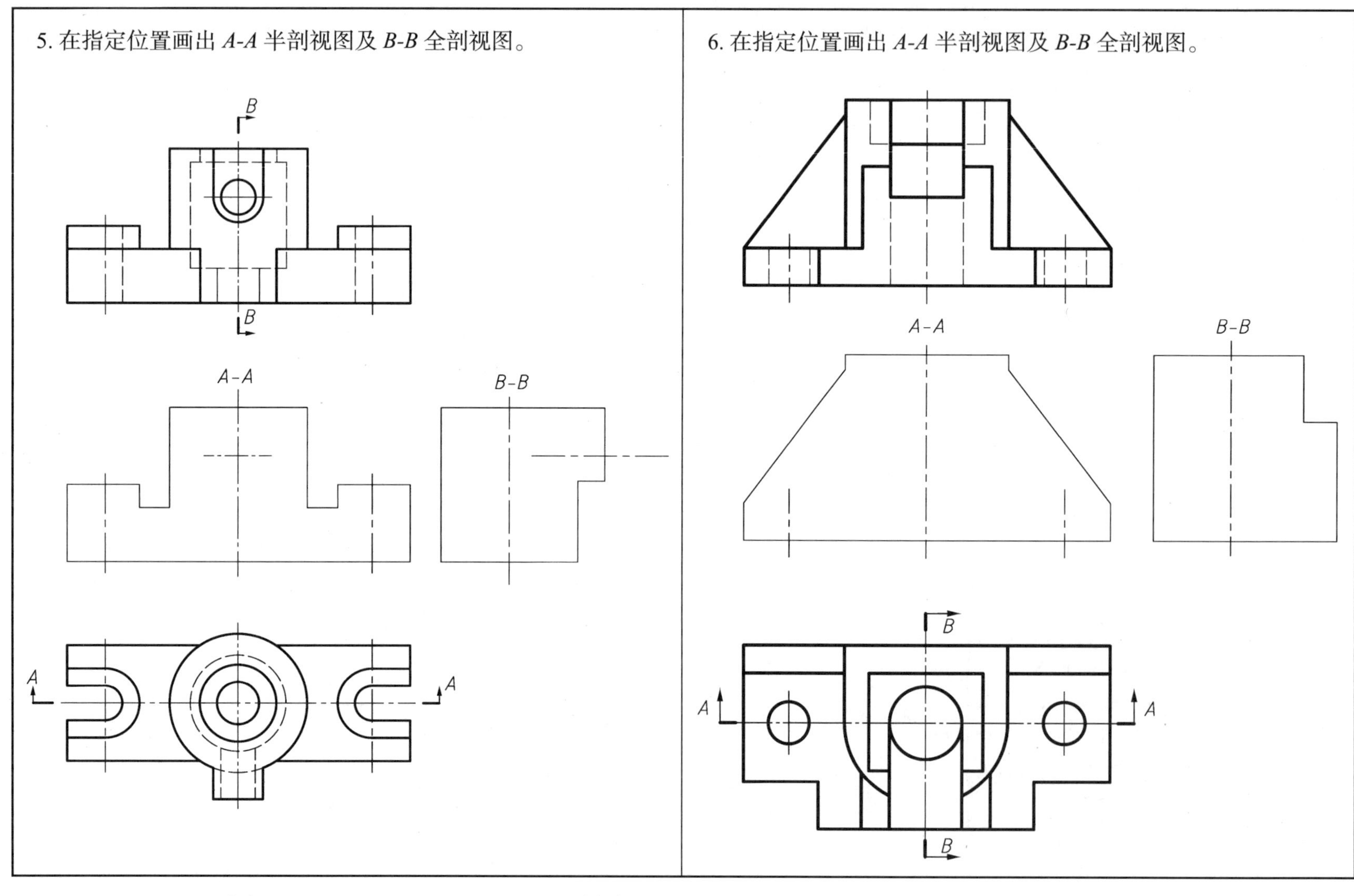
5. 在指定位置画出 A-A 半剖视图及 B-B 全剖视图。
B
B
A-A
B-B
A
A
6. 在指定位置画出 A-A 半剖视图及 B-B 全剖视图。
A-A
B-B
B
A
A
B

班级______________ 姓名______________ 学号______________

项目七　标准件与常用件

任务 1　螺纹的规定画法和标注

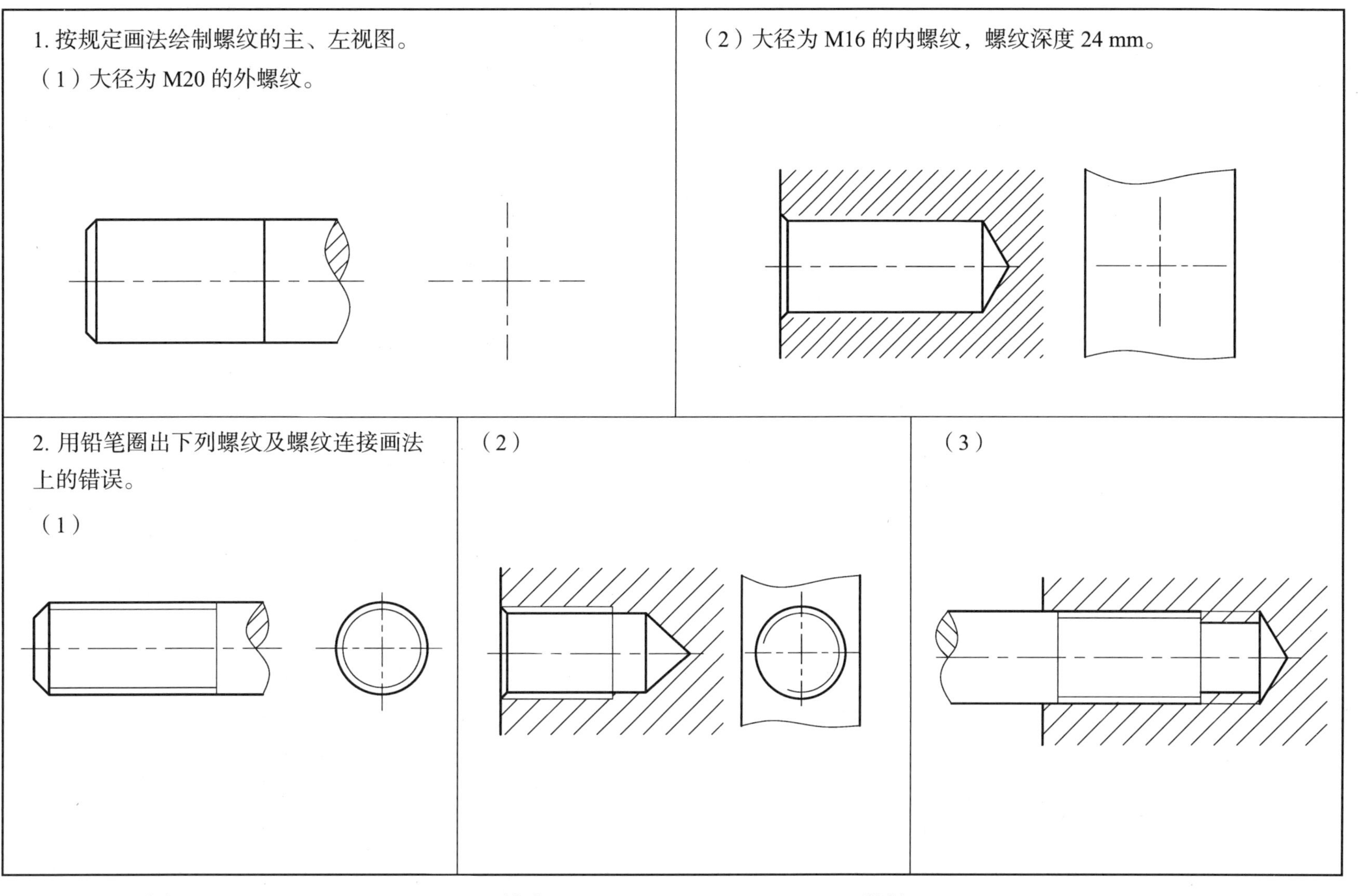

班级＿＿＿＿＿＿＿＿　姓名＿＿＿＿＿＿＿＿　学号＿＿＿＿＿＿＿＿

任务 1　螺纹的规定画法和标注

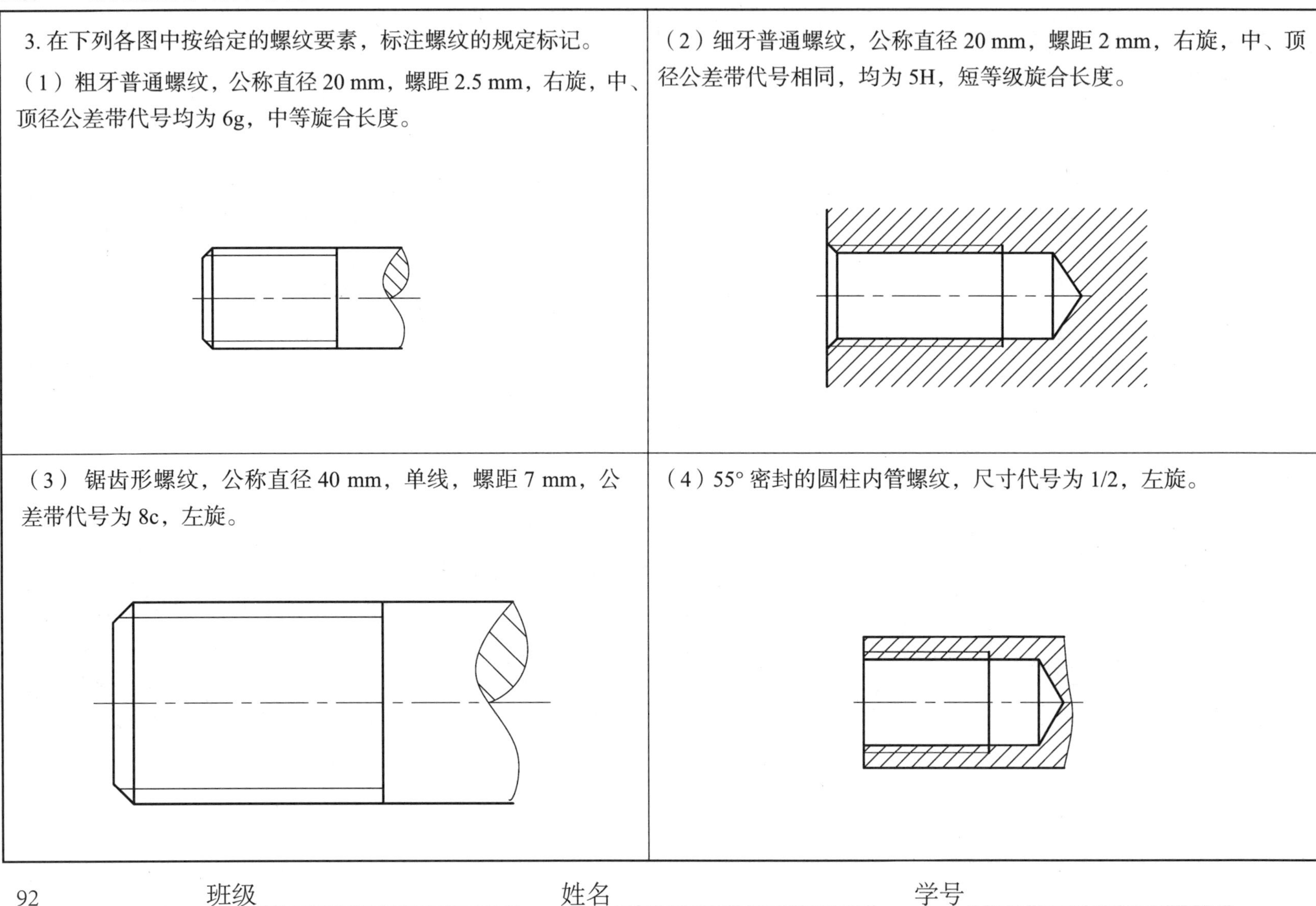

3. 在下列各图中按给定的螺纹要素，标注螺纹的规定标记。

（1）粗牙普通螺纹，公称直径 20 mm，螺距 2.5 mm，右旋，中、顶径公差带代号均为 6g，中等旋合长度。

（2）细牙普通螺纹，公称直径 20 mm，螺距 2 mm，右旋，中、顶径公差带代号相同，均为 5H，短等级旋合长度。

（3）锯齿形螺纹，公称直径 40 mm，单线，螺距 7 mm，公差带代号为 8c，左旋。

（4）55° 密封的圆柱内管螺纹，尺寸代号为 1/2，左旋。

班级＿＿＿＿＿＿　姓名＿＿＿＿＿＿　学号＿＿＿＿＿＿

任务 1　螺纹的规定画法和标注

4. 解释螺纹标记的意义。

螺纹标记	螺纹种类	螺纹大径	螺距	导程	线数	旋向	中、顶径公差带代号	旋合长度代号
M10 × 1-6h								
M16-6G-LH								
B40 × 7-8C								
Tr40 × 14(P7)LH-6H								

任务 2　螺纹紧固件规定标记及其装配画法

1. 按要求画出下列螺纹紧固件连接图。

（1）螺栓连接，被连接件厚度 δ_1=18 mm，δ_2=14 mm；螺栓 GB/T 5782 M12 × l（l 根据计算值查表，取标准值），螺母 GB/T 6170 M12，垫圈 GB/T 97.1 12；用简化画法画出螺栓连接图，其中主视图画成全剖视图，其余两视图画外形图。

（2）双头螺柱连接，较薄被连接件厚度 δ=16 mm，较厚被连接件材料为铸铁；螺柱 GB/T 898 M16 × l（l 根据计算值查表，取标准值），螺母 GB/T 6170 M16，垫圈 GB/T 93 16；用简化画法画出双头螺柱连接的主、俯视图，其中主视图画成全剖视图。

（3）螺钉连接，较薄被连接件厚度 δ=20 mm，较厚被连接件材料为钢；螺钉 GB/T 65 M10 × 30；用简化画法画出螺钉连接的主、俯视图，其中主视图画成全剖视图。

班级________　姓名________　学号________

续前页

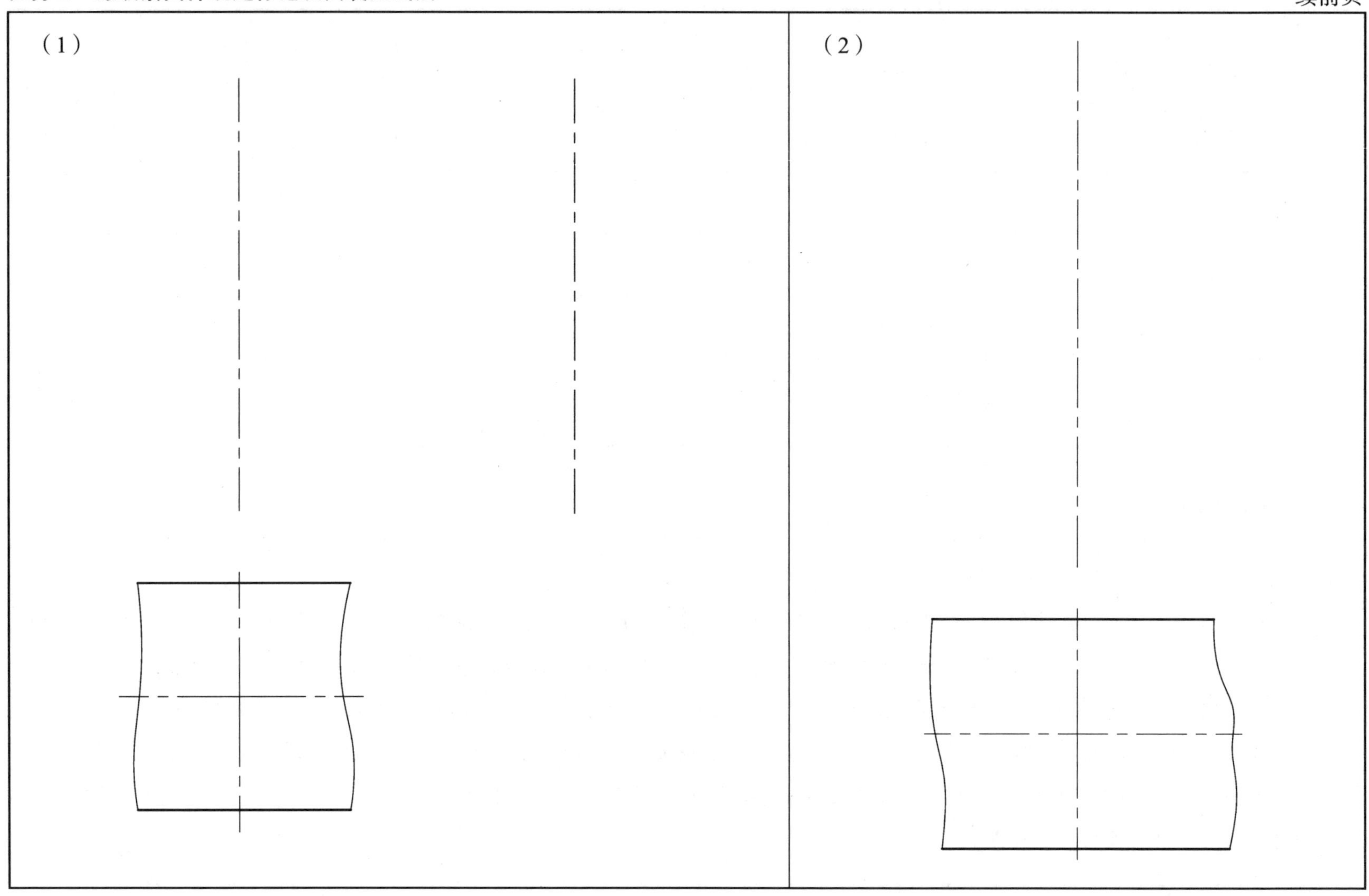

班级 ________　姓名 ________　学号 ________

（3）

2. 找出下列螺纹紧固件连接图中的错误，并在指定位置画出正确图形。

（1）

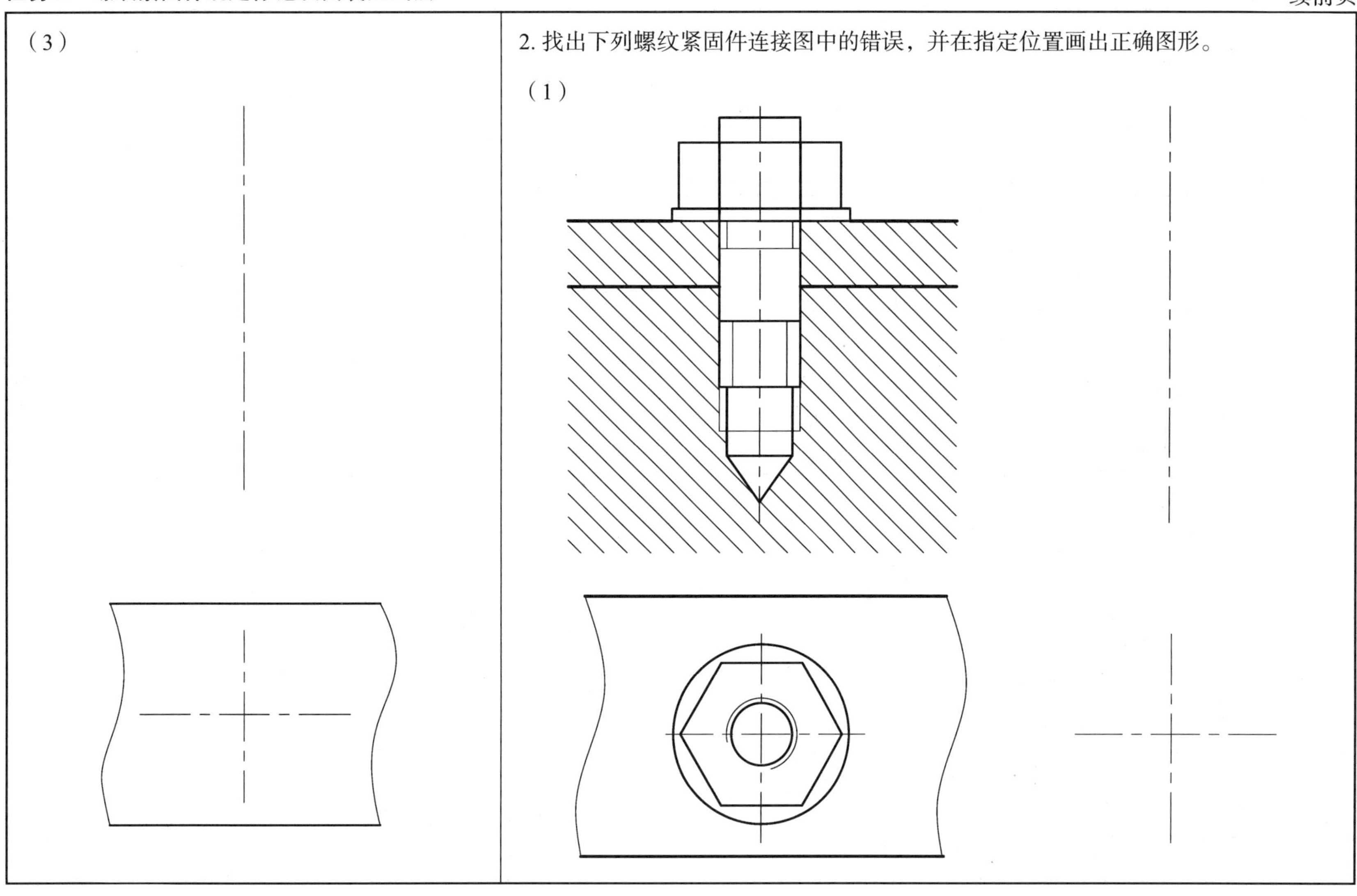

班级＿＿＿＿＿＿　姓名＿＿＿＿＿＿　学号＿＿＿＿＿＿

续前页

（2）

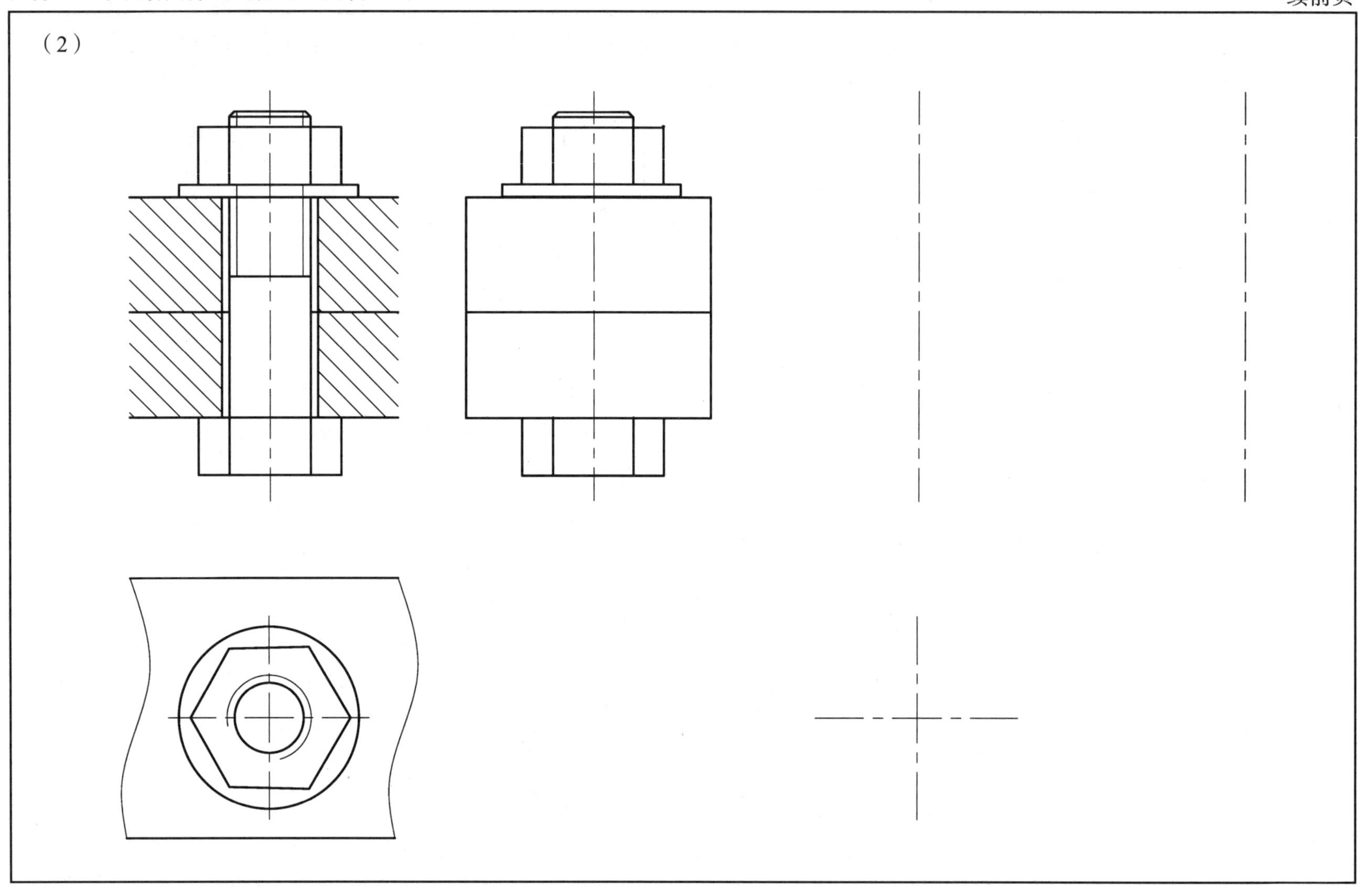

班级______________ 姓名______________ 学号______________

能力拓展

1. 图中为一管夹，用螺栓连接件将四根管子固紧，按要求完成主、俯视图。

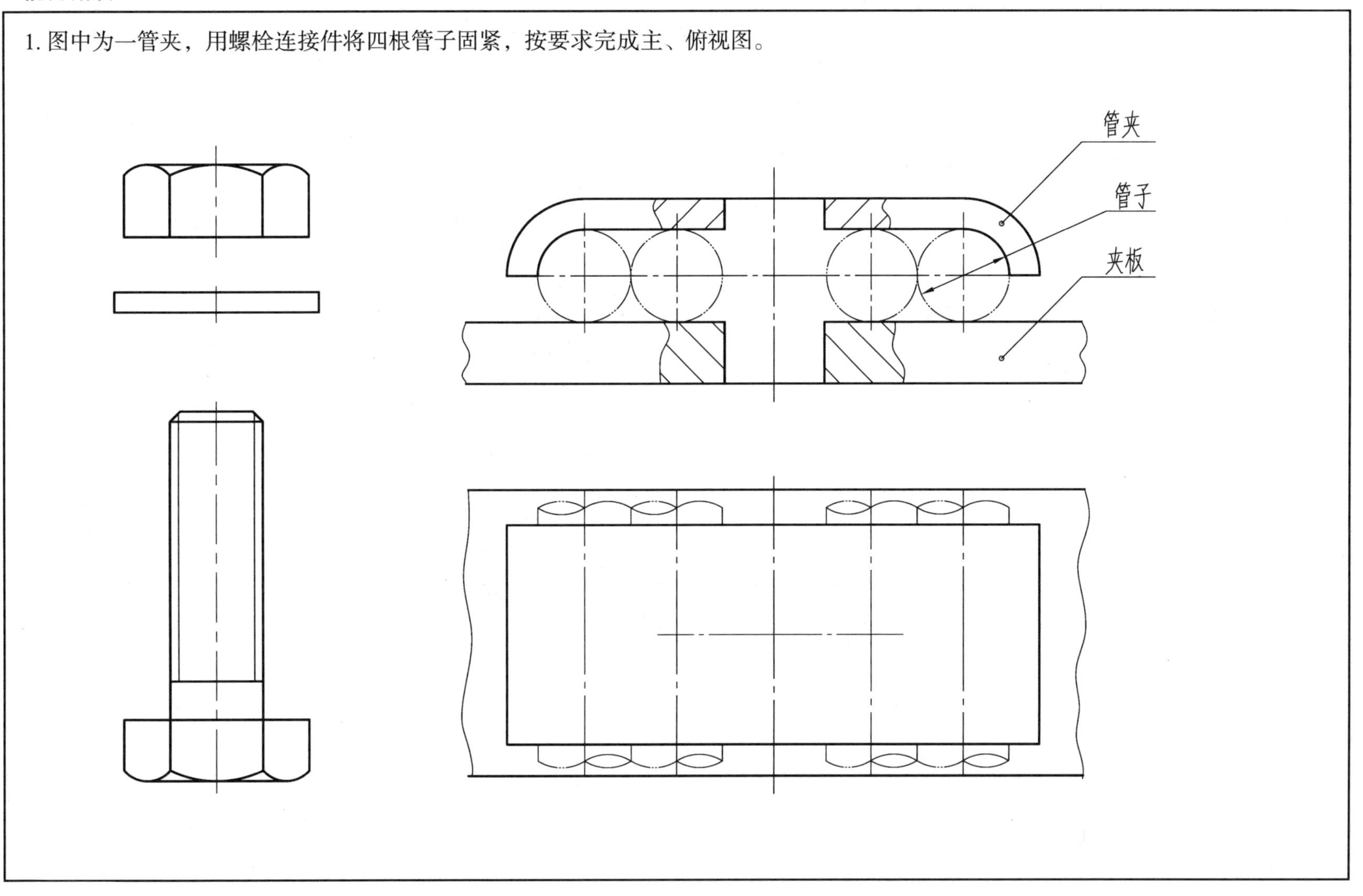

班级＿＿＿＿＿＿＿＿ 姓名＿＿＿＿＿＿＿＿ 学号＿＿＿＿＿＿＿＿

能力拓展

2. 分析下列螺纹连接画法中的错误，并在下方画出正确的图形。

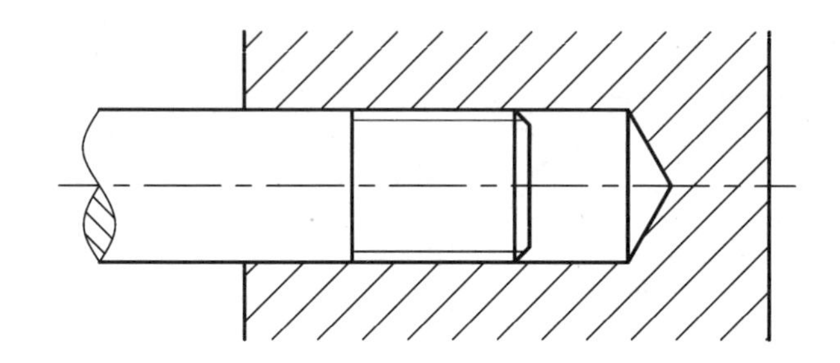

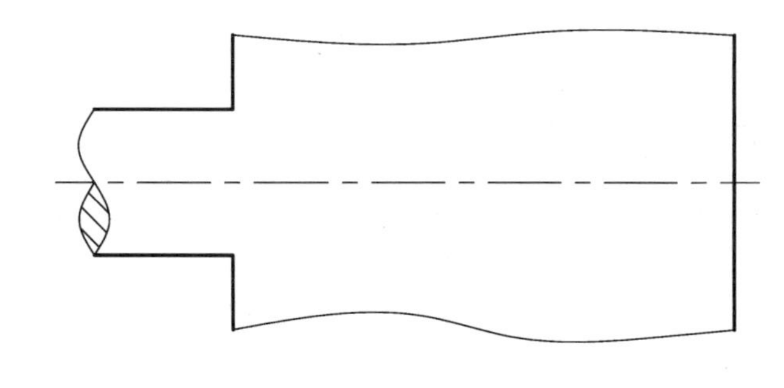

3. 分析下列螺钉连接图中的错误，并将正确的连接图画在旁边。

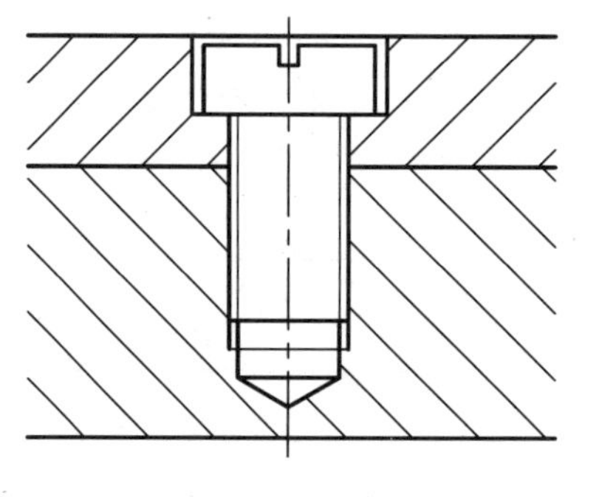

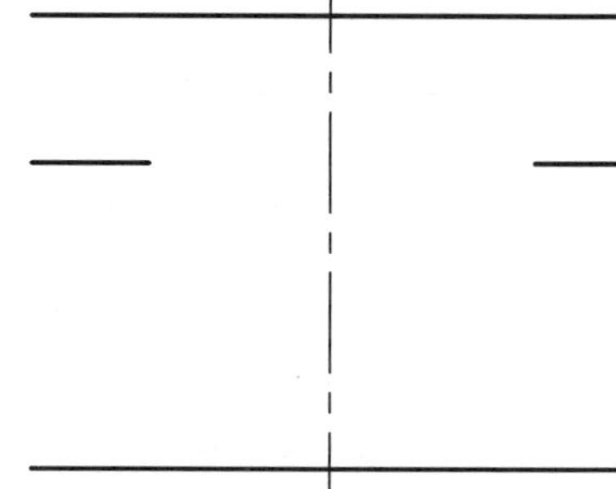

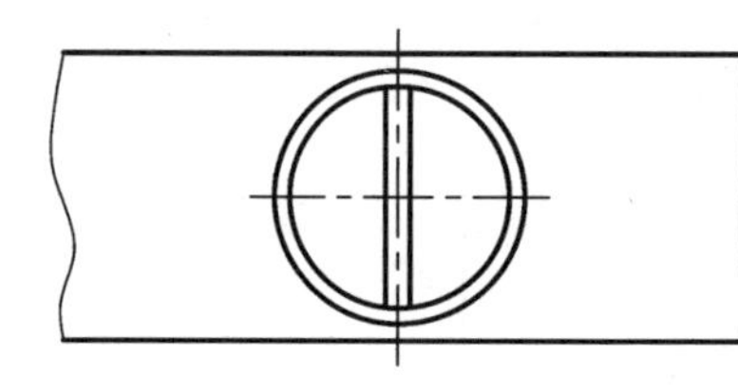

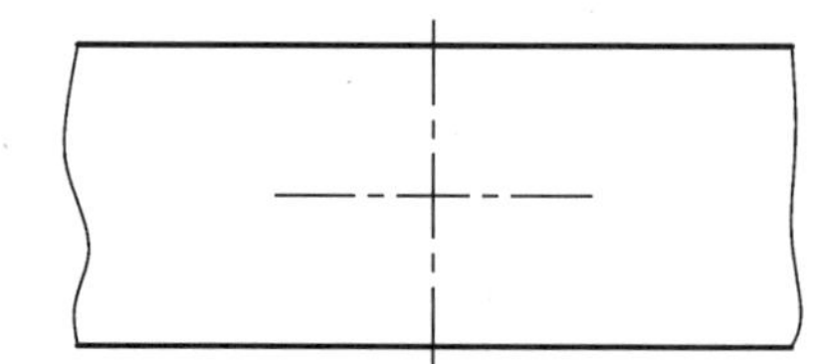

班级______ 姓名______ 学号______

能力拓展

4. 补全双头螺柱连接装配图（被连接件材料都是钢）。

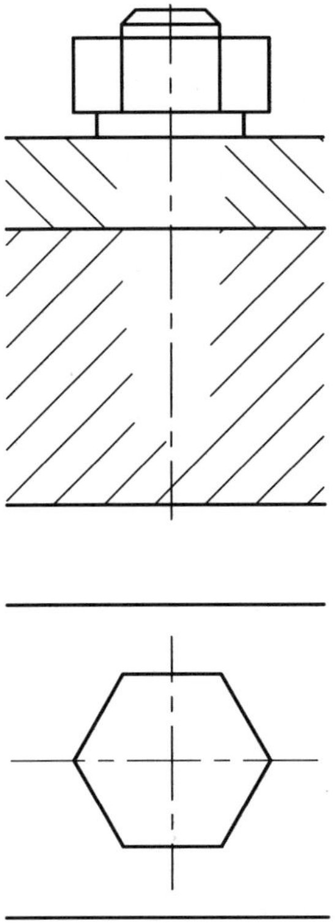

5. 补全螺栓连接装配图。

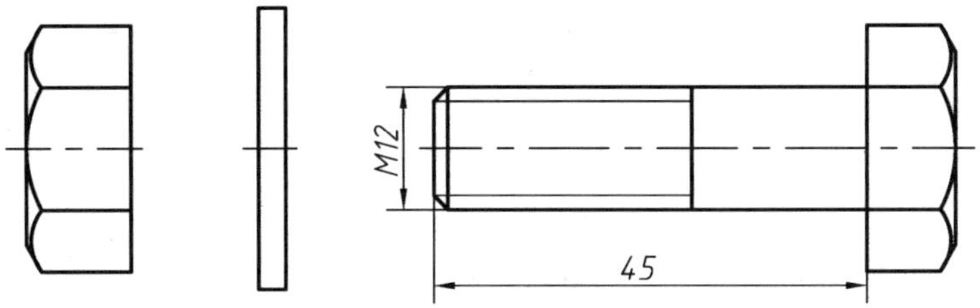

M12

45

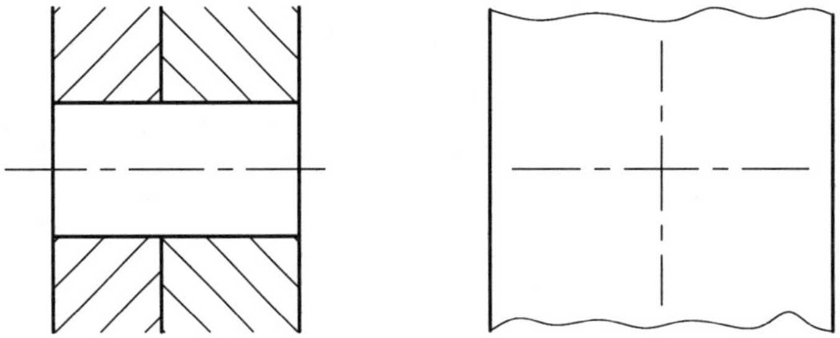

班级________ 姓名________ 学号________

1. 已知直齿圆柱齿轮模数 m=2.5，齿数 Z=24，倒角为 C2，求齿轮的分度圆、齿顶圆和齿根圆直径，完成齿轮的两视图。

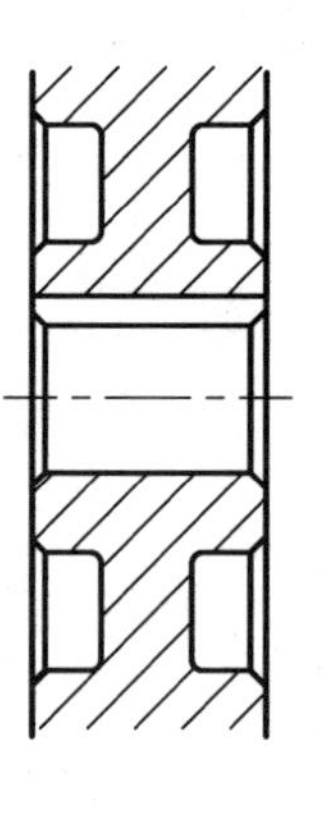

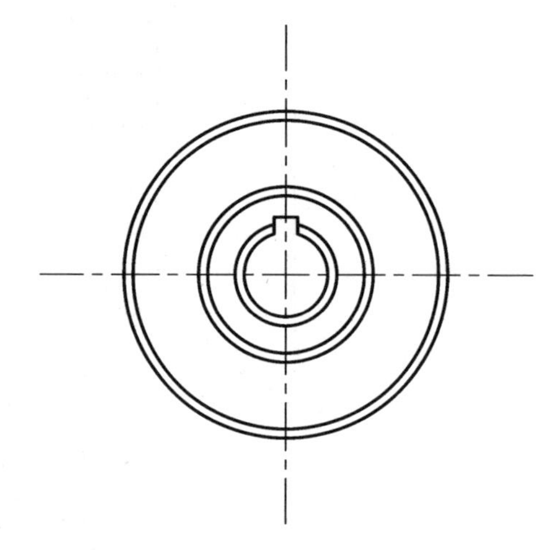

班级＿＿＿＿＿＿＿＿　姓名＿＿＿＿＿＿＿＿　学号＿＿＿＿＿＿＿＿

2. 已知直齿圆柱齿轮模数 m=2，大齿轮的齿数 Z_1 =32，中心距 a=48，计算大、小齿轮的基本尺寸，按照 1:1 的比例完成齿轮啮合的两视图。

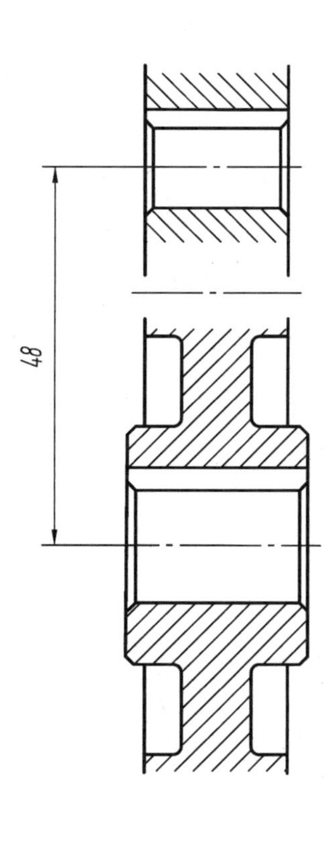

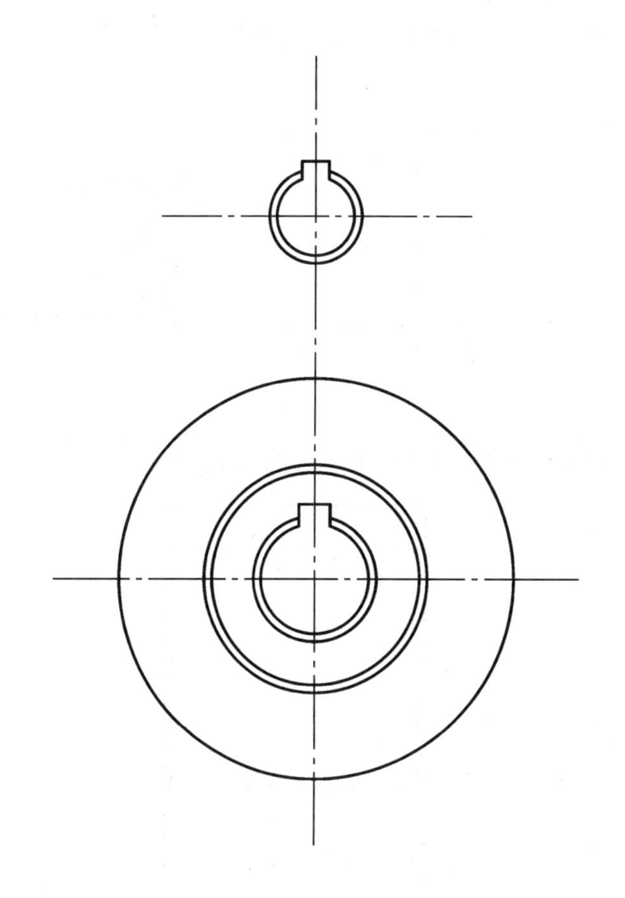

班级＿＿＿＿＿＿＿＿　姓名＿＿＿＿＿＿＿＿　学号＿＿＿＿＿＿＿＿

3. 普通平键及其连接。

已知齿轮和轴用 A 型普通平键连接，轴孔直径 20 mm，键宽 b=6 mm，键高 h=6 mm，键长 20 mm。

（1）查表确定轴上键槽尺寸，补全键槽的主视图和 A-A 断面图，并标全键槽的尺寸。

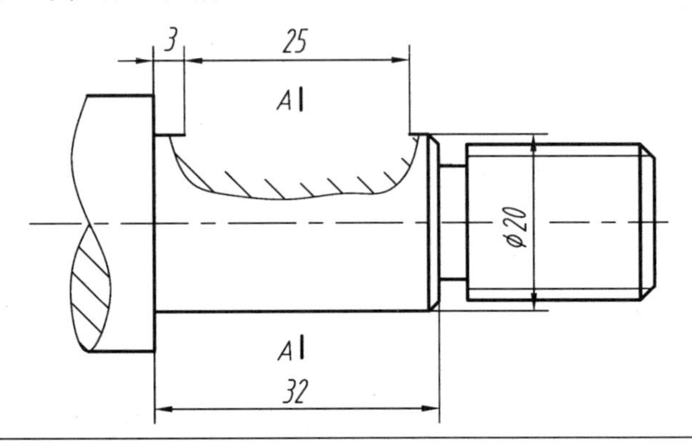

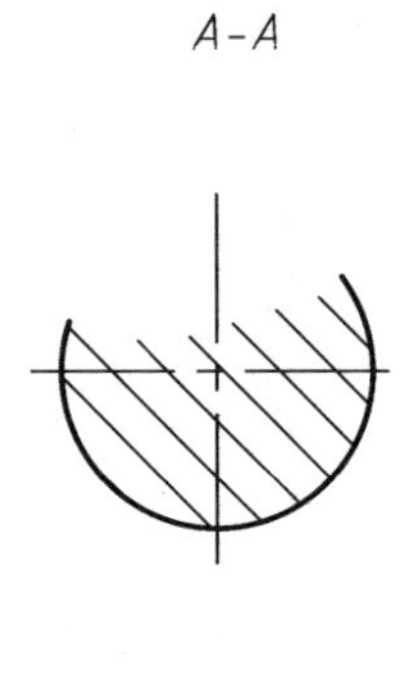

（2）查表确定轮毂上键槽尺寸，补全键槽的主视图和局部视图，并标全键槽的尺寸。

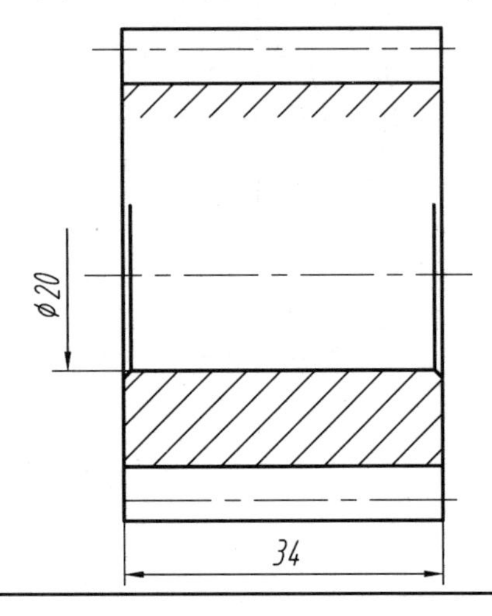

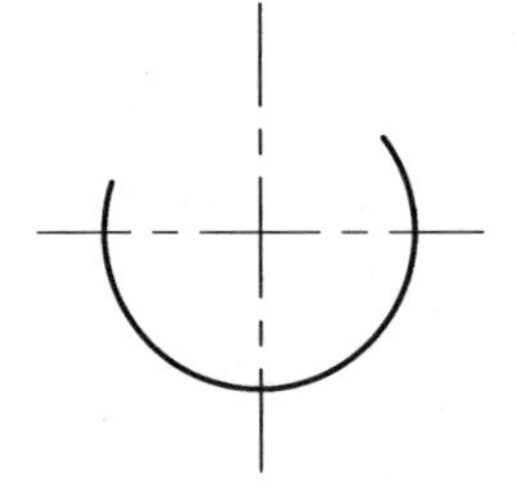

　班级＿＿＿＿＿＿　姓名＿＿＿＿＿＿　学号＿＿＿＿＿＿

（3）用普通平键和螺母、垫圈，将（1）、（2）两题中的轴和齿轮连接在一起，补全键连接中主视图和 *A-A* 断面图，并写出键的规定标记。

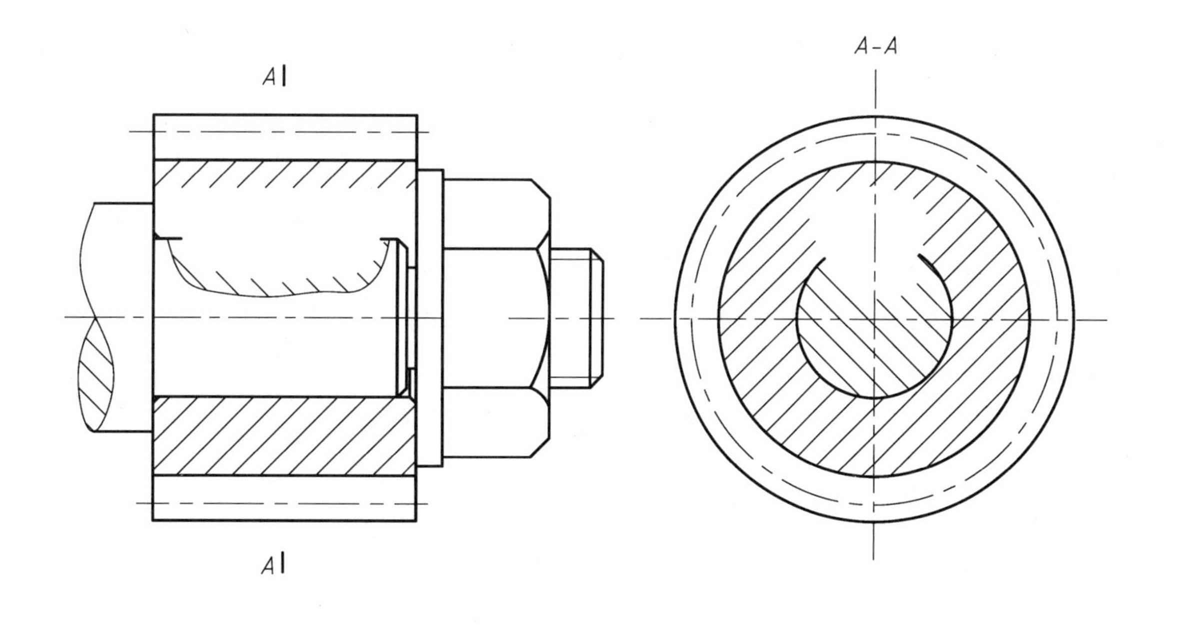

规定标记：________________

班级________________　姓名________________　学号________________

4. 销及销连接。

（1） 画出圆锥销连接的装配图（A 型圆锥销直径为 5 mm，长度查表取标准值），并写出销的规定标记。

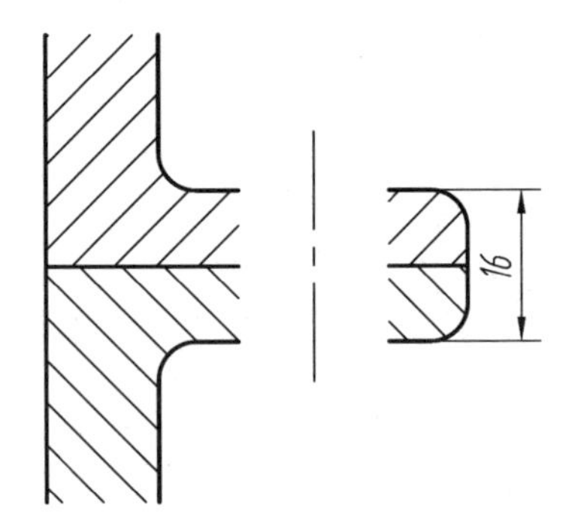

规定标记：________________

（2） 画出圆柱销连接的装配图（A 型圆柱销直径为 6 mm），并写出销的规定标记。

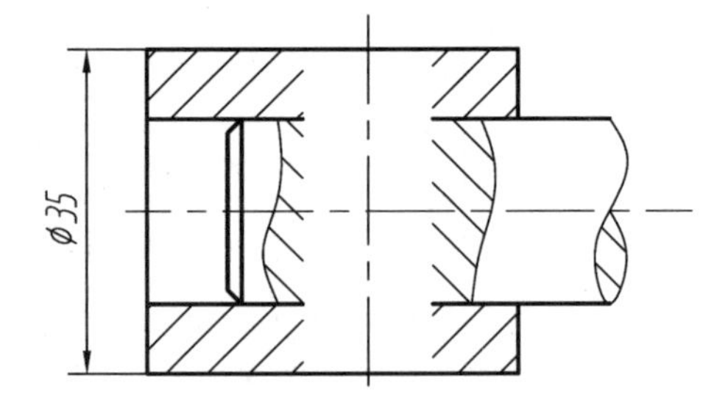

规定标记：________________

　班级________　姓名________　学号________

5. 已知圆柱螺旋压缩弹簧的簧丝直径 d=8 mm，弹簧中径 D=50 mm，节距 t=12 mm，有效圈数 n=8，支撑圈数 n_2=2.5，右旋，用 1:1 的比例画出弹簧的全剖视图并标注尺寸。

6. 已知轴用滚动轴承支撑，两支撑段处的直径分别为 20 mm 和 15 mm，用规定画法画出滚动轴承的另一侧。

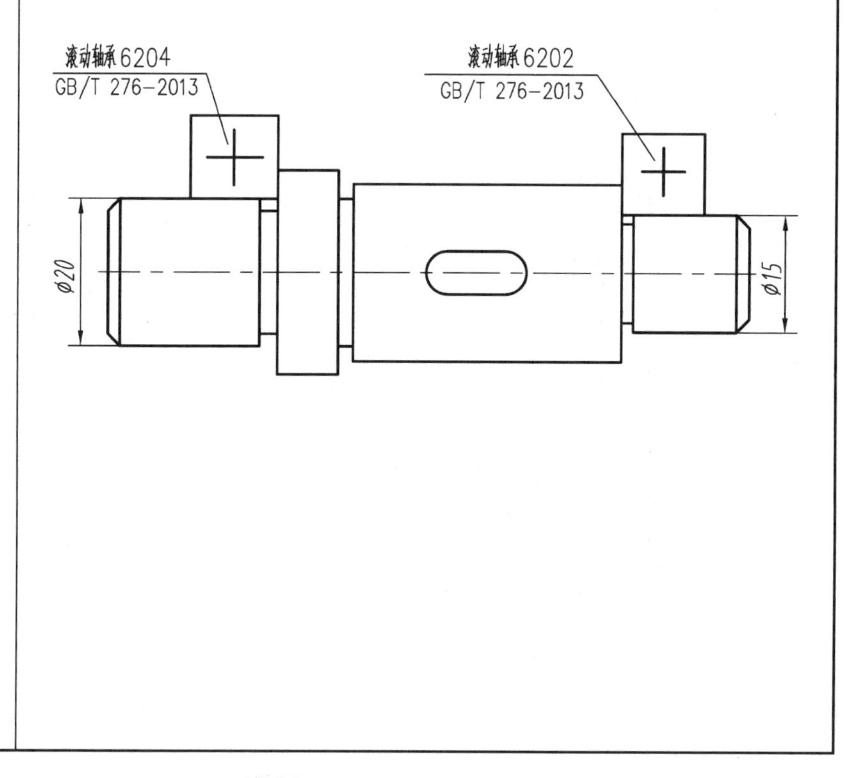

任务 1　零件图上的技术要求——极限与配合的标注

1. 根据装配图中的配合代号，查表确定轴与孔的极限偏差值，将其标注在零件图中，在指定位置画出公差带图，并填空。

ϕ48H7/g6 是 ________ 制 ________ 配合。

ϕ48 表示 ______________________________。

H、g 表示 ______________________________。

7、6 表示 ______________________________。

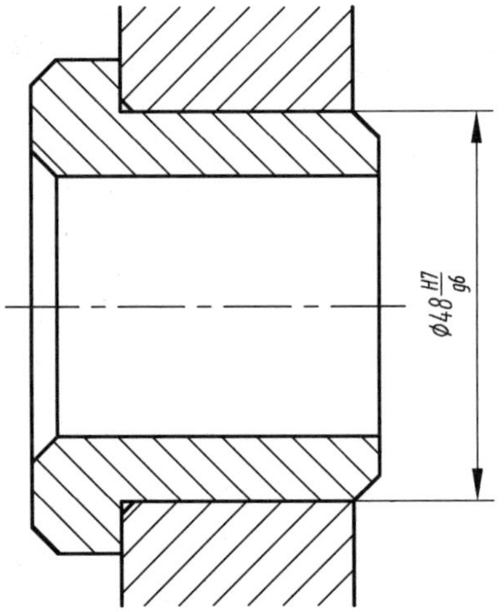

$\phi 48\frac{H7}{g6}$

(a) 装配图

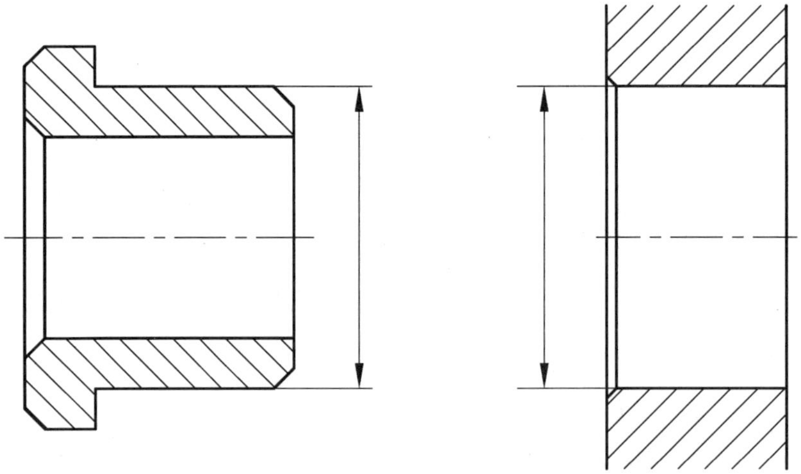

(b) 零件图

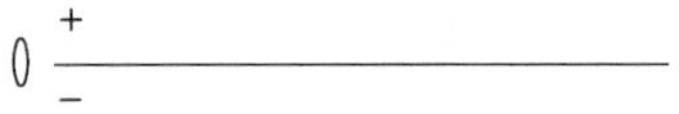

0 + −

(c) 公差带图

班级 ____________　姓名 ____________　学号 ____________

2. 根据配合代号，在零件图上标注出轴、孔的公称尺寸和上、下极限偏差数值，并填空。

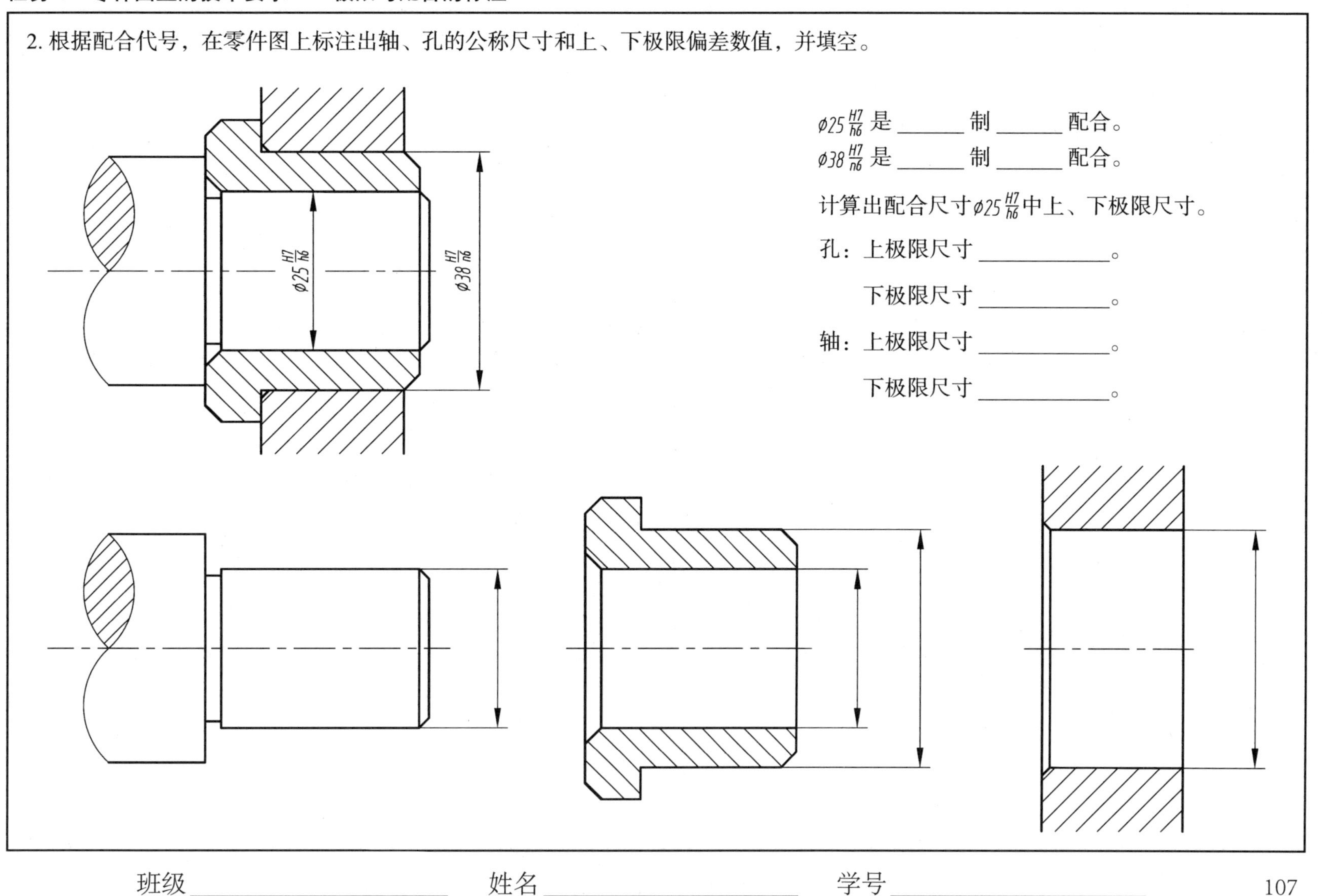

$\phi 25\frac{H7}{h6}$ 是 ______ 制 ______ 配合。

$\phi 38\frac{H7}{n6}$ 是 ______ 制 ______ 配合。

计算出配合尺寸 $\phi 25\frac{H7}{h6}$ 中上、下极限尺寸。

孔：上极限尺寸 ____________。

　　下极限尺寸 ____________。

轴：上极限尺寸 ____________。

　　下极限尺寸 ____________。

班级 ____________　姓名 ____________　学号 ____________

3. 某机器中，轴和孔的配合尺寸为$\phi 32\frac{F7}{h6}$。

（1）此配合是 ________ 制 ________ 配合。

（2）试在下面的零件图中注出公称尺寸和上、下极限偏差数值。

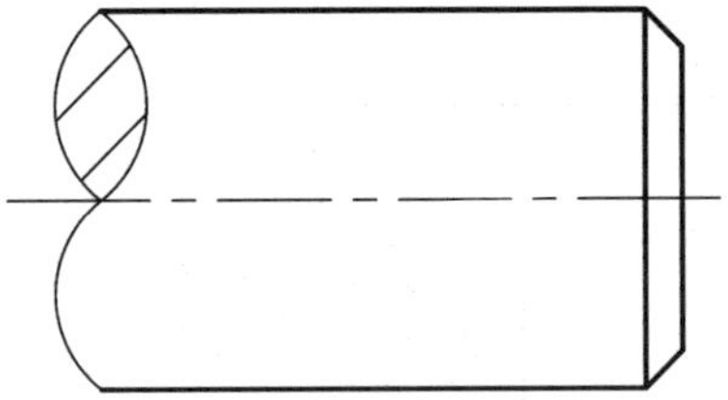

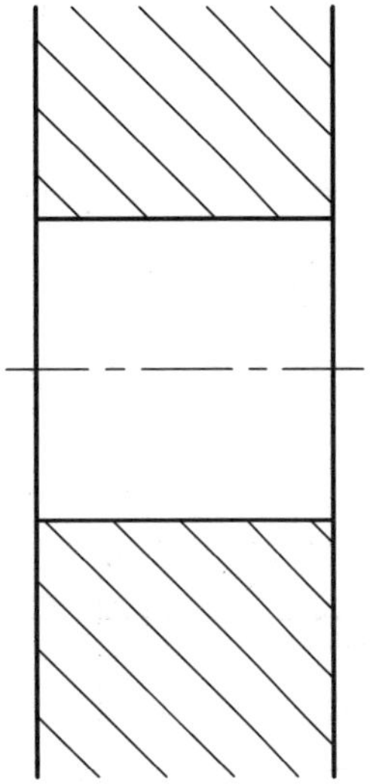

（3）画出装配图，并注出公称尺寸和配合代号。

班级 ____________ 姓名 ____________ 学号 ____________

1. 按照文字叙述，将几何公差标注在图形中。

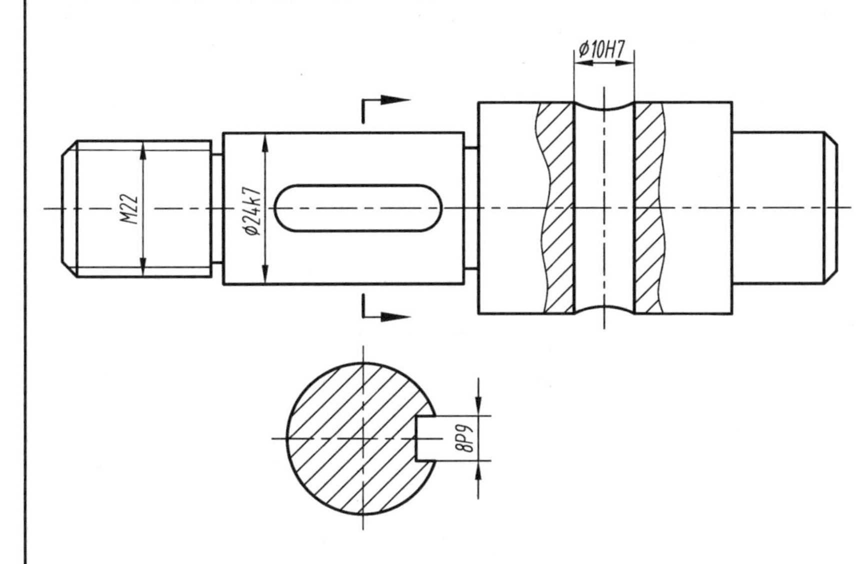

（1）ϕ24k7 的轴线为基准 A。

（2）M22 对 ϕ24k7 的同轴度公差为 ϕ0.02。

（3）ϕ24k7 的圆柱度公差为 0.05。

（4）ϕ10H7 孔的轴线对 ϕ24k7 圆柱轴线的垂直度公差为 ϕ0.05。

2. 解释图中几何公差代号的含义。

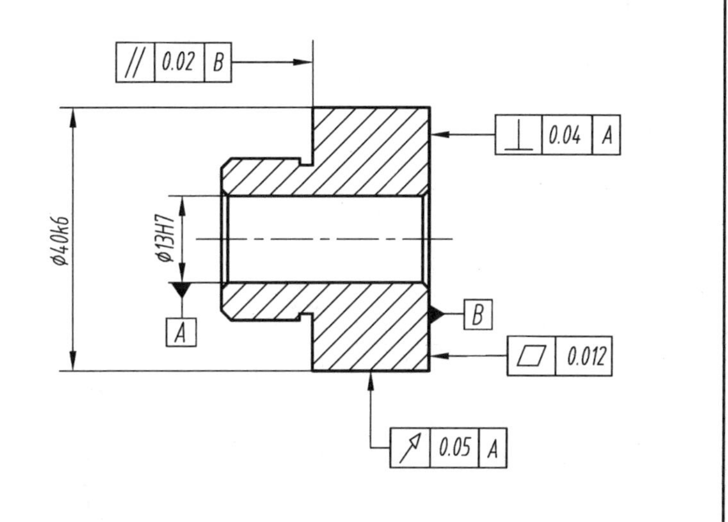

（1）▱ 0.012 ____________________

____

（2）// 0.02 B ____________________

____

（3）↗ 0.05 A ____________________

____

（4）⊥ 0.04 A ____________________

____

班级__________　姓名__________　学号__________

1. 已知下列零件各表面加工要求如下，试用代（符）号标注出表面结构。

（1）轴 ϕ32、ϕ22 圆柱表面 $\sqrt{Ra3.2}$，左、右两端面 $\sqrt{Ra6.3}$，其余 $\sqrt{Ra12.5}$。

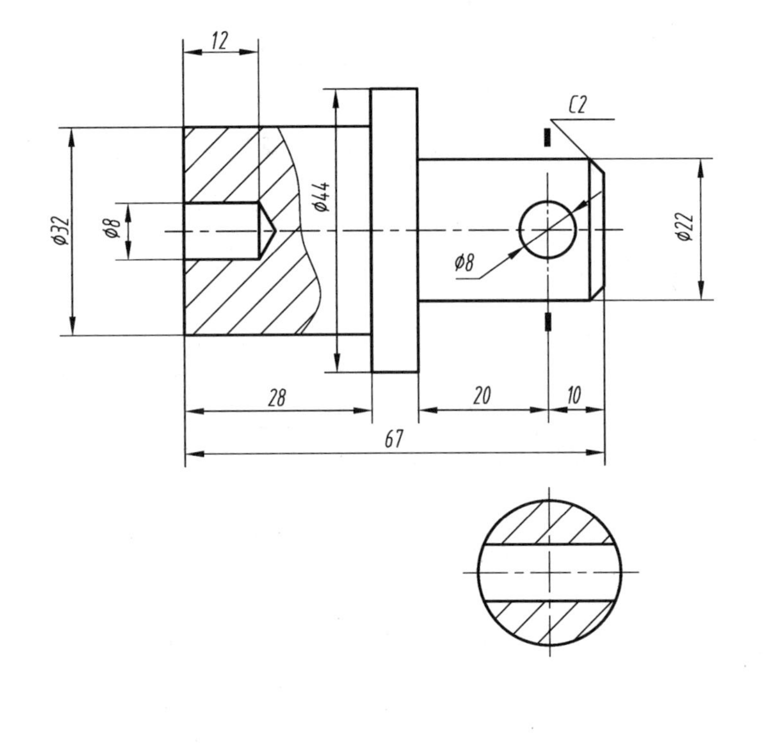

（2）套筒内孔 ϕ17 $\sqrt{Ra1.6}$，其余 $\sqrt{Ra6.3}$。

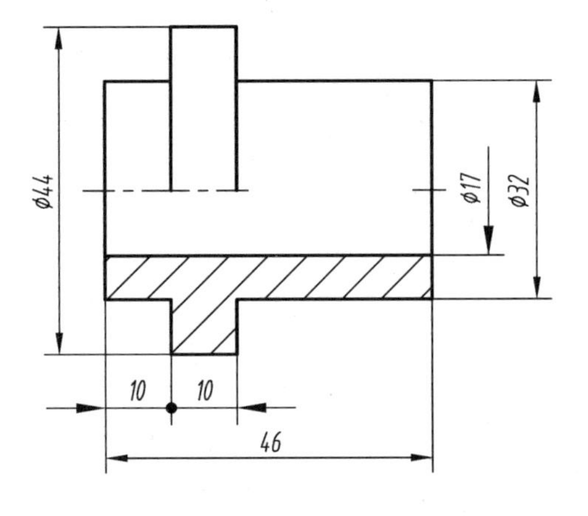

　班级＿＿＿＿　姓名＿＿＿＿　学号＿＿＿＿

（3）支架底面 √Ra12.5，轴孔 ϕ16 √Ra3.2，两小孔 2 × ϕ10 √Ra6.3，沉孔 ϕ16 √Ra12.5，其余 √◯。

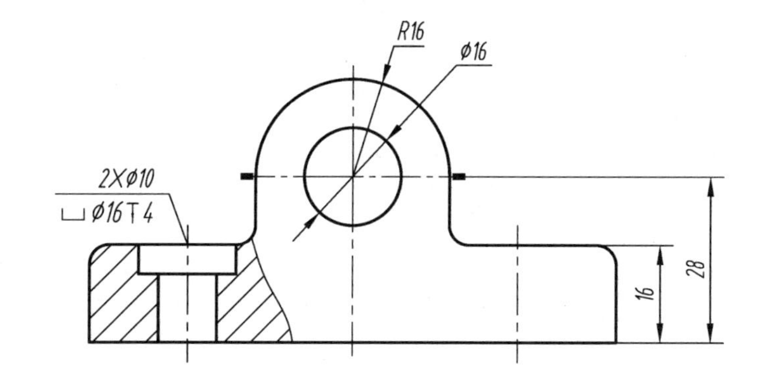

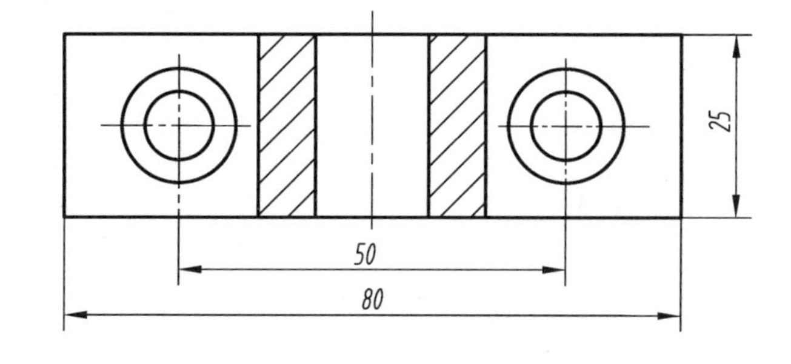

（4）轴套所有表面 √Ra3.2。

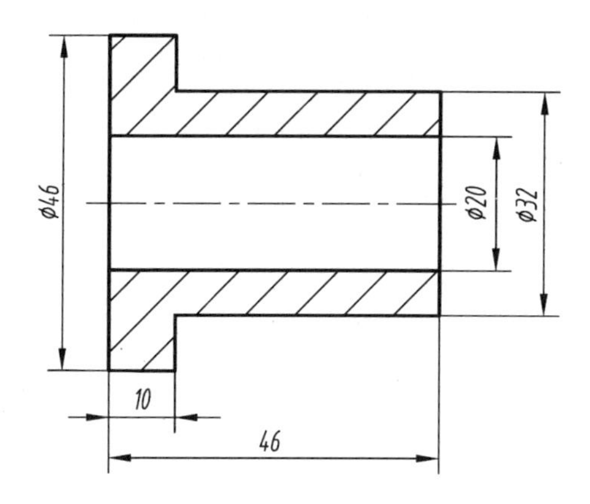

任务 4　读零件图

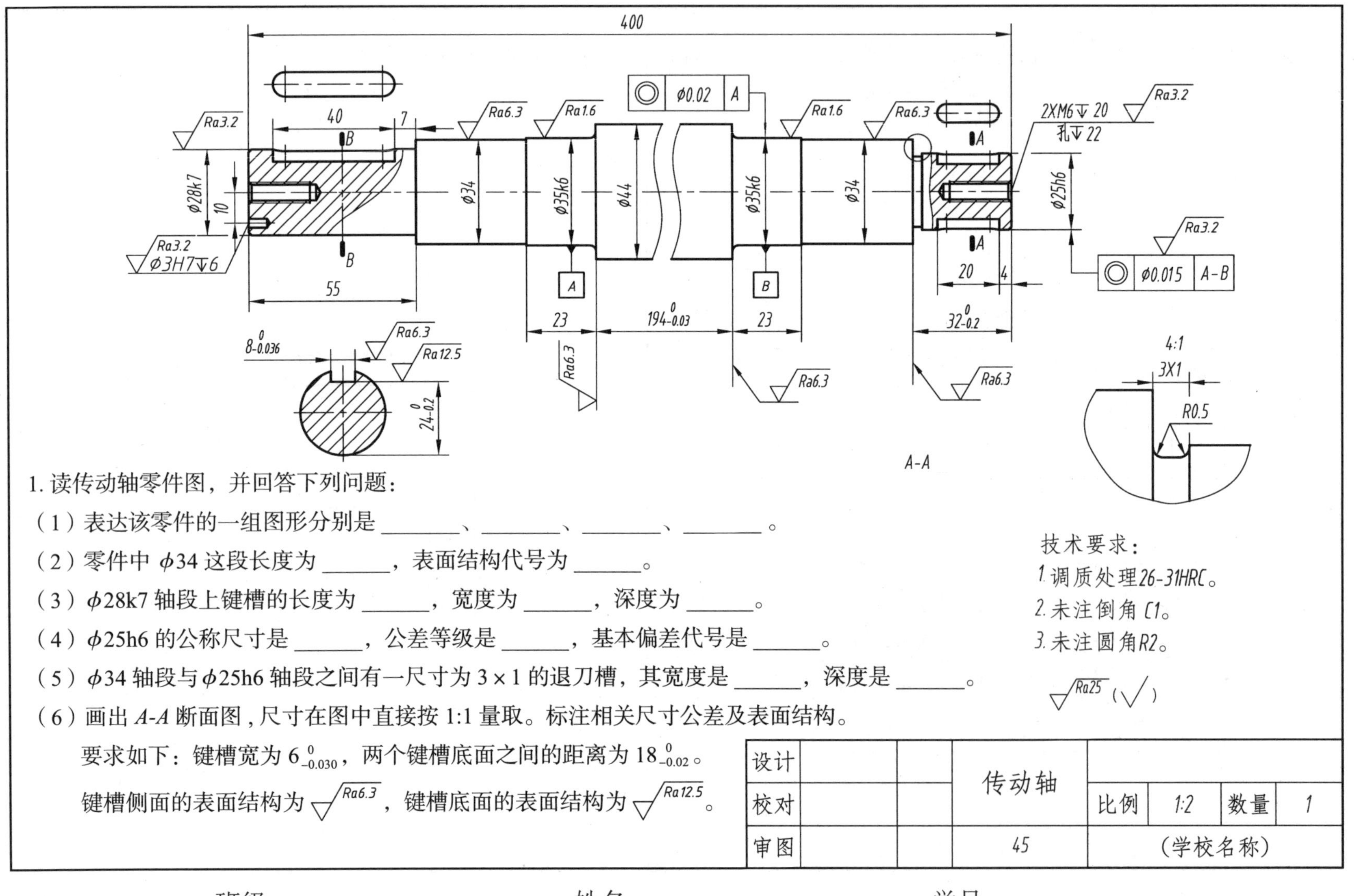

1. 读传动轴零件图，并回答下列问题：

（1）表达该零件的一组图形分别是 ______、______、______、______。

（2）零件中 $\phi 34$ 这段长度为 ______，表面结构代号为 ______。

（3）$\phi 28k7$ 轴段上键槽的长度为 ______，宽度为 ______，深度为 ______。

（4）$\phi 25h6$ 的公称尺寸是 ______，公差等级是 ______，基本偏差代号是 ______。

（5）$\phi 34$ 轴段与 $\phi 25h6$ 轴段之间有一尺寸为 3×1 的退刀槽，其宽度是 ______，深度是 ______。

（6）画出 *A-A* 断面图，尺寸在图中直接按 1:1 量取。标注相关尺寸公差及表面结构。

要求如下：键槽宽为 $6_{-0.030}^{\ 0}$，两个键槽底面之间的距离为 $18_{-0.02}^{\ 0}$。

键槽侧面的表面结构为 Ra6.3，键槽底面的表面结构为 Ra12.5。

班级 ______________　姓名 ______________　学号 ______________

任务 4　读零件图

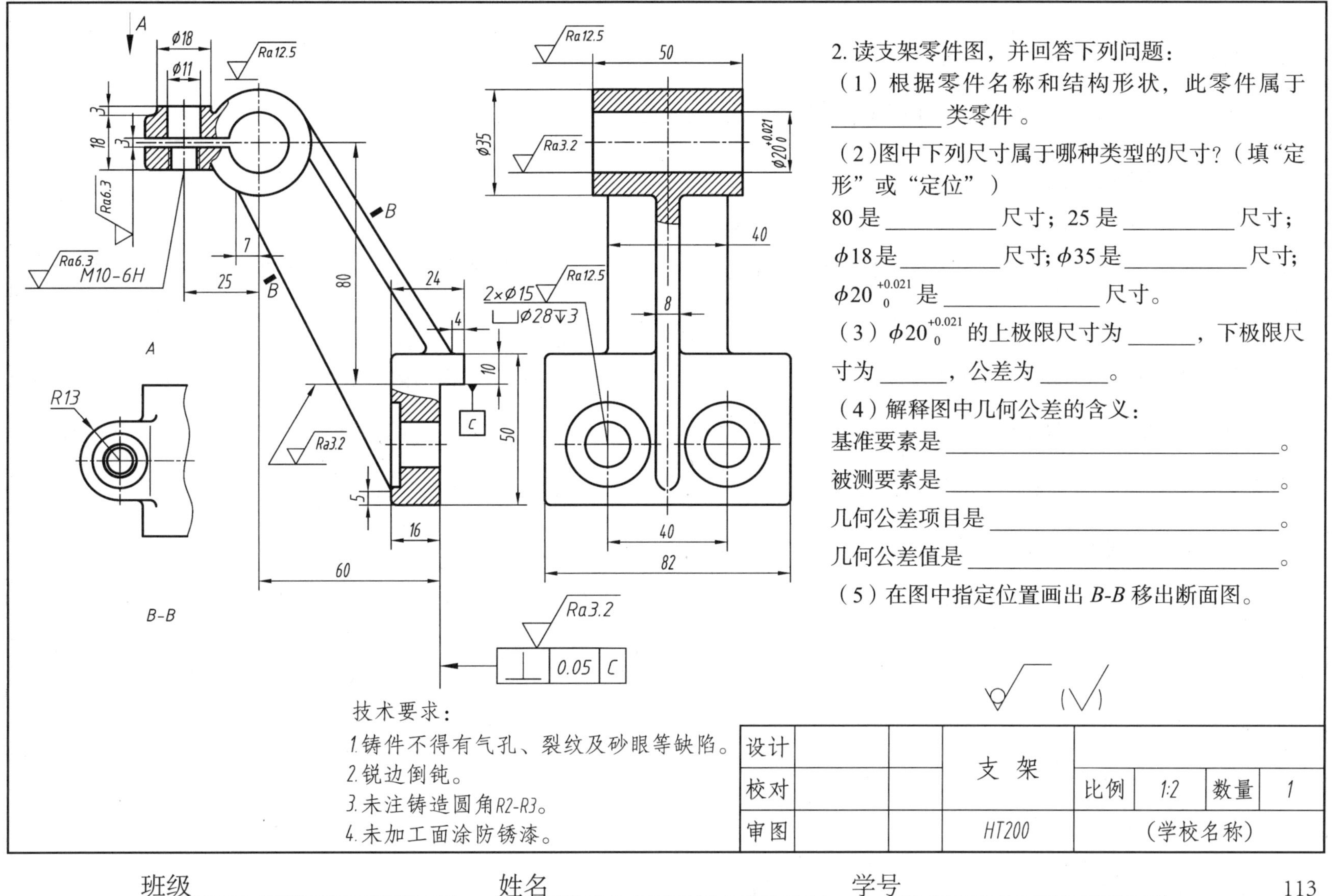

2. 读支架零件图，并回答下列问题：

（1）根据零件名称和结构形状，此零件属于＿＿＿＿＿类零件。

（2）图中下列尺寸属于哪种类型的尺寸？（填“定形”或“定位”）

80 是＿＿＿＿＿尺寸；25 是＿＿＿＿＿尺寸；

$\phi18$ 是＿＿＿＿＿尺寸；$\phi35$ 是＿＿＿＿＿尺寸；

$\phi20^{+0.021}_{0}$ 是＿＿＿＿＿尺寸。

（3）$\phi20^{+0.021}_{0}$ 的上极限尺寸为＿＿＿，下极限尺寸为＿＿＿，公差为＿＿＿。

（4）解释图中几何公差的含义：

基准要素是＿＿＿＿＿＿＿＿＿＿。

被测要素是＿＿＿＿＿＿＿＿＿＿。

几何公差项目是＿＿＿＿＿＿＿＿＿＿。

几何公差值是＿＿＿＿＿＿＿＿＿＿。

（5）在图中指定位置画出 *B-B* 移出断面图。

班级＿＿＿＿＿＿　姓名＿＿＿＿＿＿　学号＿＿＿＿＿＿

3. 读泵盖的零件图，并回答下列问题：

（1）该零件共用了两个图形表达，它们的名称分别是 ________________、________________。

（2）$\frac{6\times\phi 9}{⌴\phi 15↧8}$表示 ____。

这种标注方法称为 ____。

（3）该零件的名称为 _________，属于典型零件分类中的 _________ 零件，使用材料为 _________，比例为 _________；主视图采用了 _________ 剖视。

（4）零件表面加工质量要求最高的面是 ____________________________ 等表面，其表面结构代号为 ______________________。

（5）尺寸 ϕ22H7 的上极限尺寸为 _________，下极限尺寸为 _________，公差为 _________，公称尺寸为 _________，基本偏差代号为 _________， 标准公差等级为 IT_________，公差带代号为 __________________________。

（6）框格 | ⊥ | ϕ0.015 | A | 的含义是 ____。

　班级 ______________________　姓名 ______________________　学号 ______________________

续前页

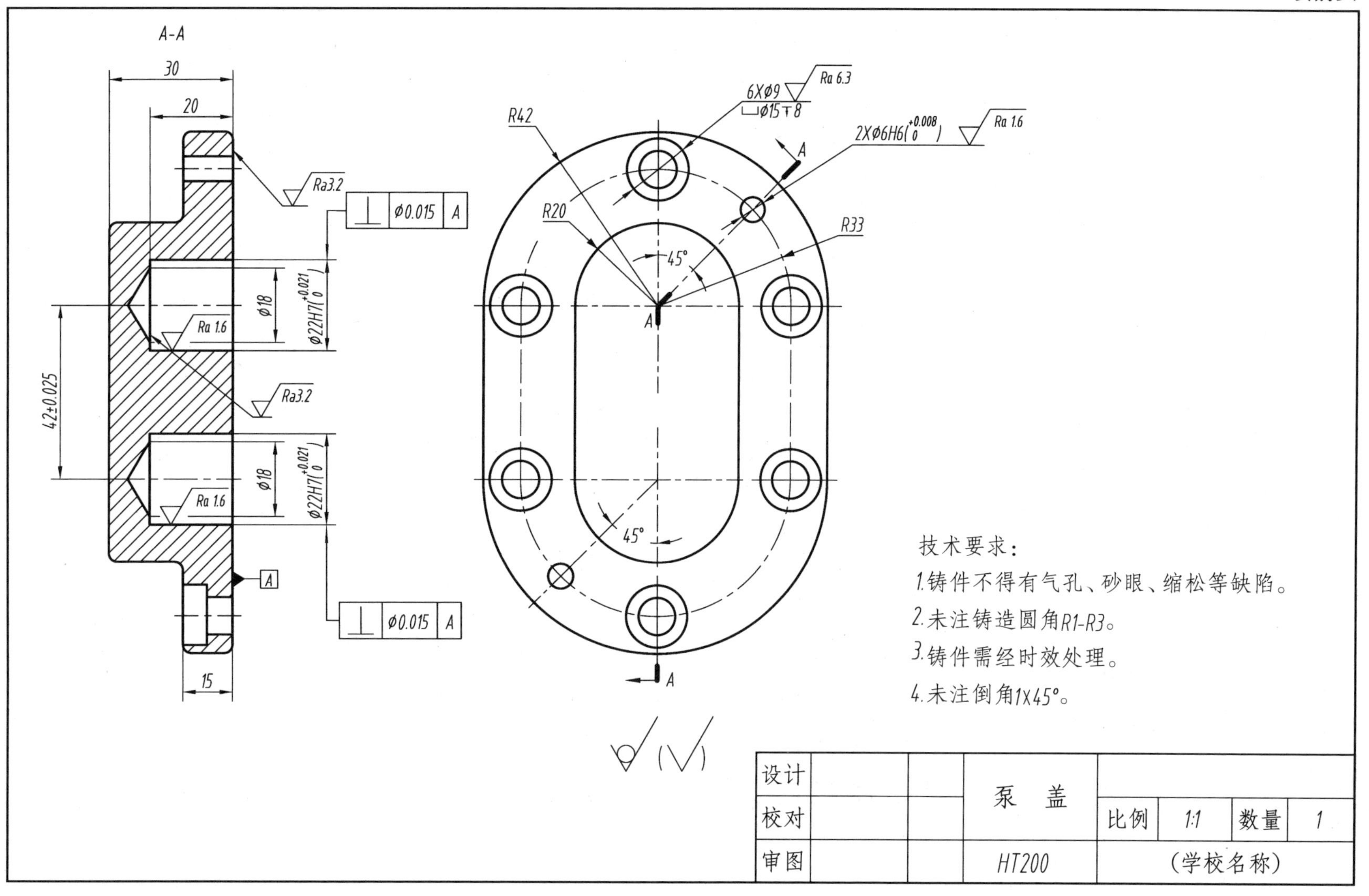
A-A
30
20
Ra3.2
⊥ φ0.015 A
φ18
φ22H7(+0.021 0)
Ra 1.6
42±0.025
Ra3.2
A
15
R42
6Xφ9
⌴φ15↧8
Ra 6.3
2Xφ6H6(+0.008 0)
Ra 1.6
R20
R33
45°
技术要求：
1.铸件不得有气孔、砂眼、缩松等缺陷。
2.未注铸造圆角R1-R3。
3.铸件需经时效处理。
4.未注倒角1X45°。
设计
校对
审图
泵 盖
HT200
比例
1:1
数量
1
(学校名称)

4. 读箱体零件图并回答问题：

（1）用“▼”标出长、宽、高方向的主要尺寸基准。

（2）左视图采用________表达方法。

（3）写出左视图中的一个定位尺寸和两个定形尺寸：

______、______、______。

（4）4×ϕ14 ⌴ϕ28↧ 孔的定位尺寸是________和________。

（5）零件表面加工光滑程度最高的面为_______，其代号为_______（写出一个即可）。

（6）代号 ϕ90H8 的意义：公差等级_______，公差数值________，上极限尺寸________，下极限尺寸________。

（7）解释 4×M10 的含义。

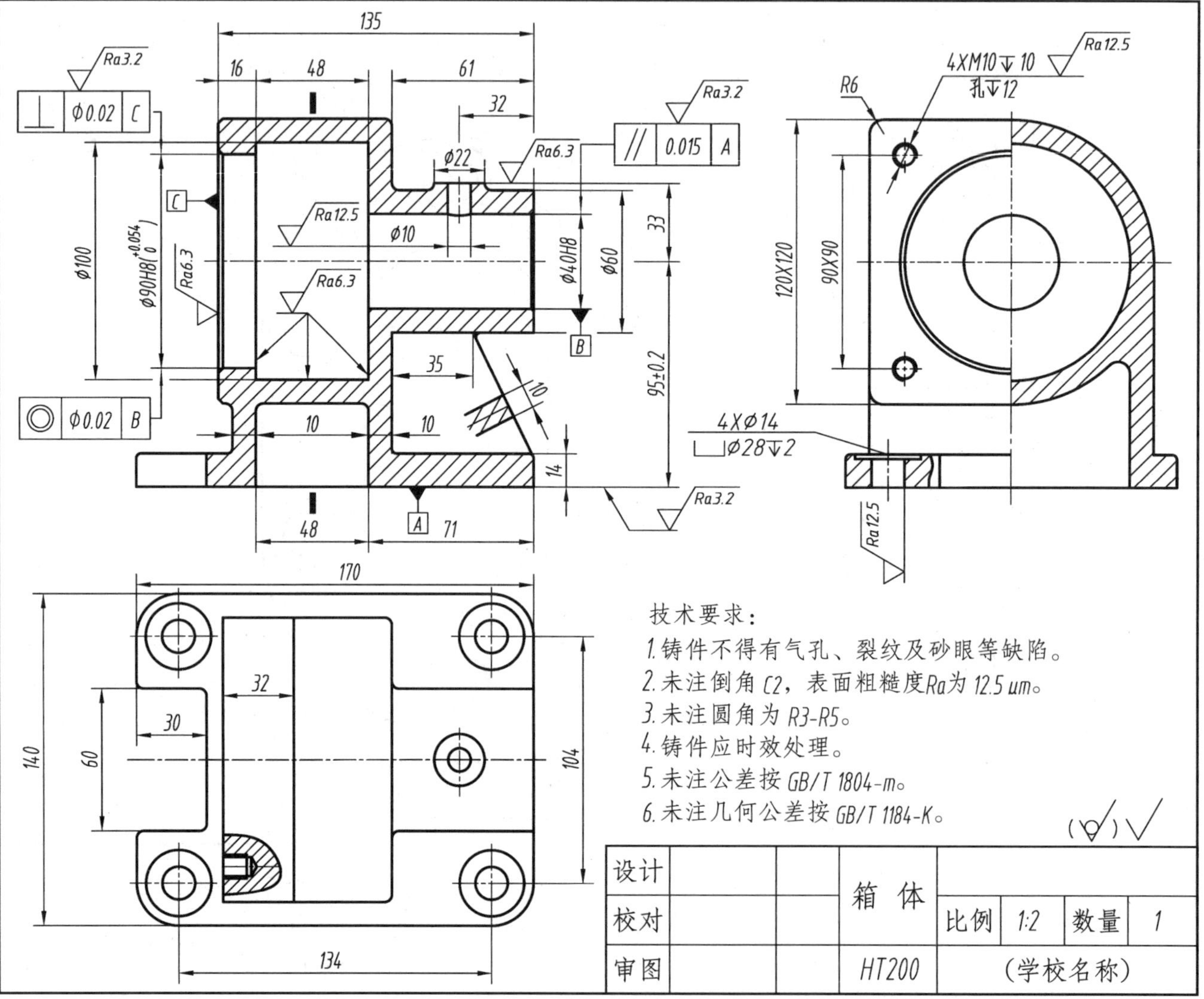

技术要求：

1. 铸件不得有气孔、裂纹及砂眼等缺陷。
2. 未注倒角 C2，表面粗糙度 Ra 为 12.5 um。
3. 未注圆角为 R3-R5。
4. 铸件应时效处理。
5. 未注公差按 GB/T 1804-m。
6. 未注几何公差按 GB/T 1184-K。

设计			箱 体				
校对				比例	1:2	数量	1
审图			HT200	（学校名称）			

 班级________ 姓名________ 学号________

1. 根据下列轴测图绘制零件工作图（其中倒角为 $C1$，键槽宽度为 5、深度为 3，砂轮越程槽尺寸均为 2×0.3）。

（1）

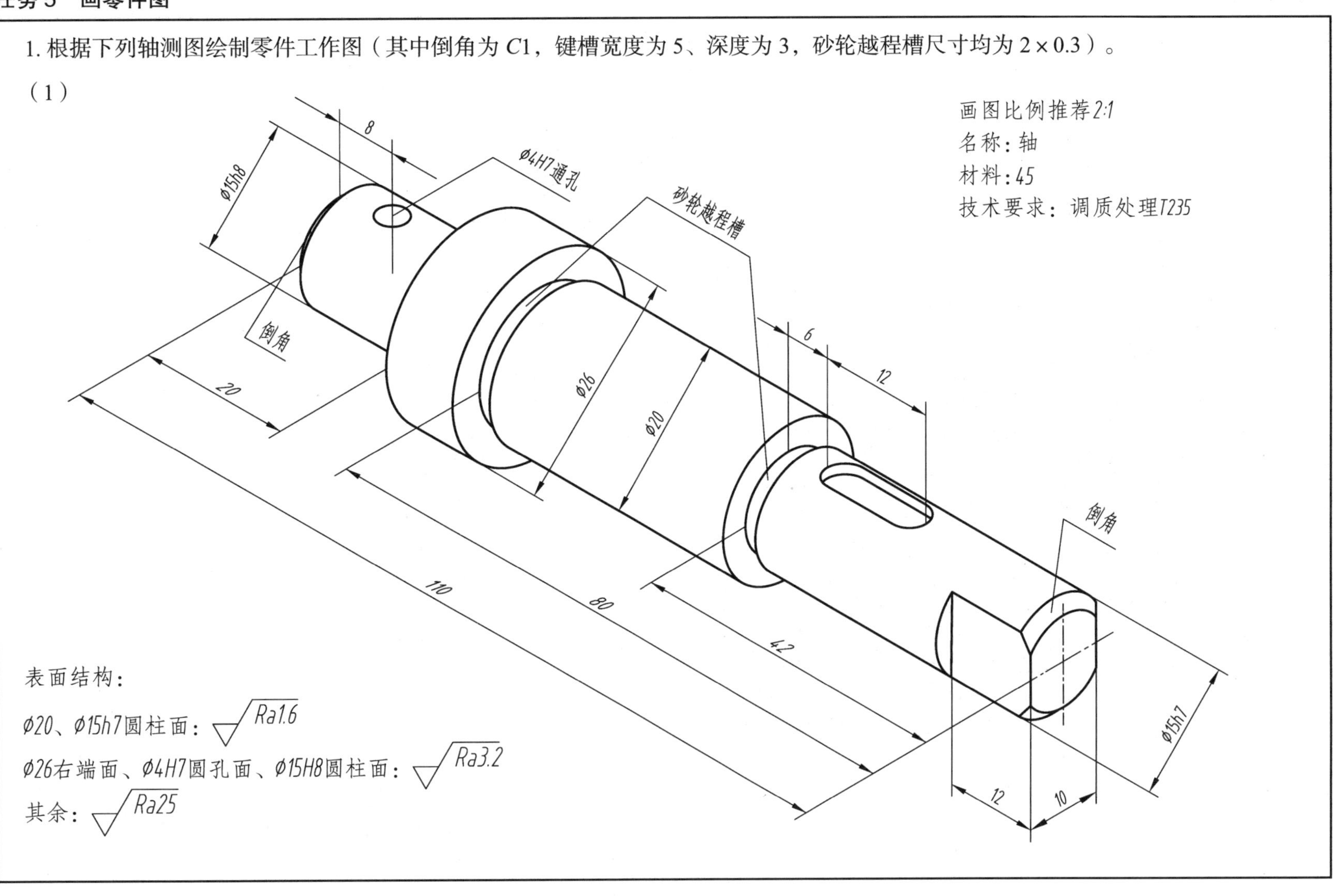

（2）

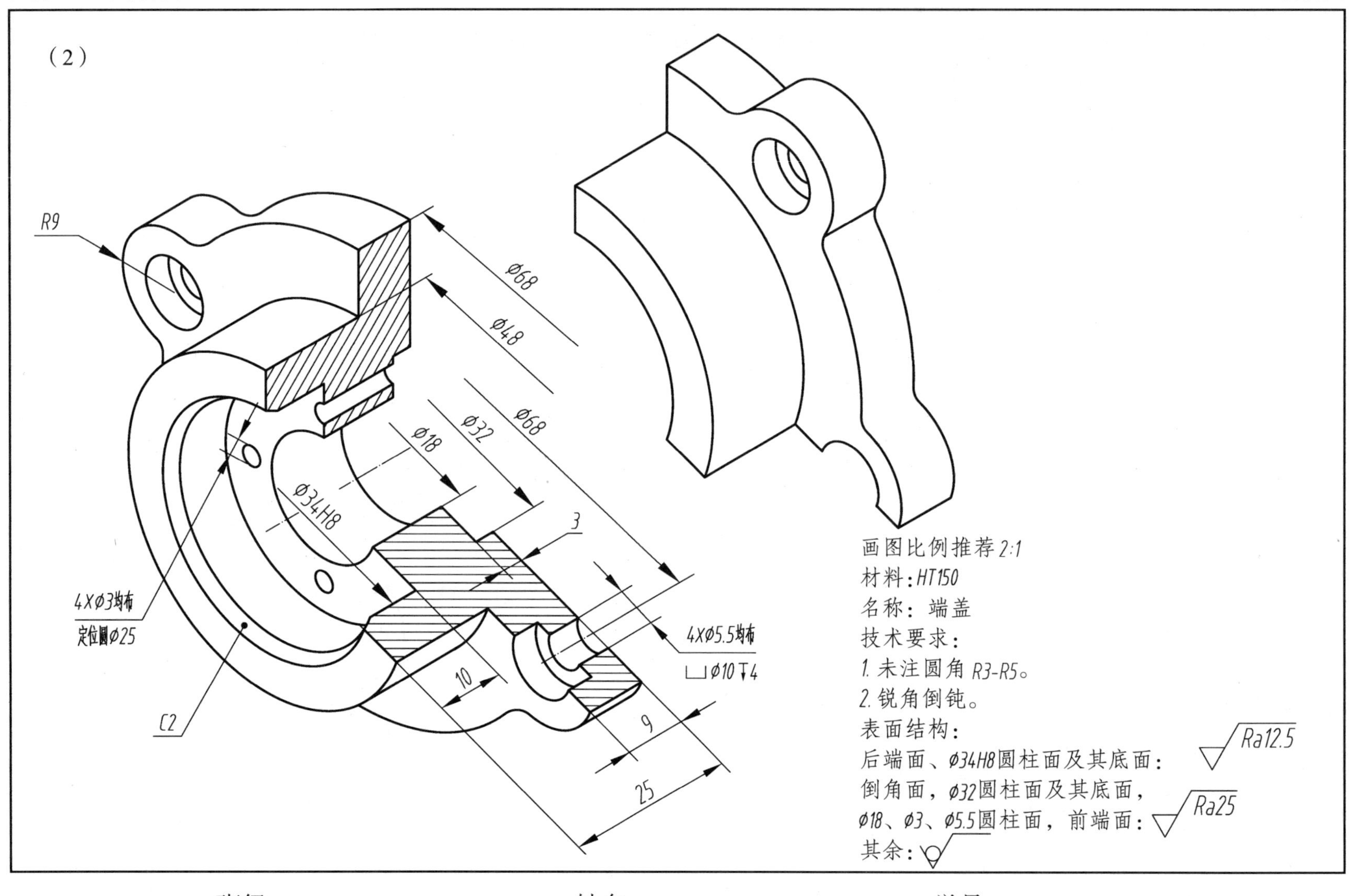
R9
Ø68
Ø48
Ø68
Ø32
Ø18
Ø34H8
3
4XØ3均布
定位圆Ø25
4XØ5.5均布
⌴Ø10↧4
10
C2
9
25
画图比例推荐 2:1
材料：HT150
名称：端盖
技术要求：
1. 未注圆角 R3-R5。
2. 锐角倒钝。
表面结构：
后端面、Ø34H8圆柱面及其底面：Ra12.5
倒角面，Ø32圆柱面及其底面，
Ø18、Ø3、Ø5.5圆柱面，前端面：Ra25
其余：

班级＿＿＿＿＿＿　姓名＿＿＿＿＿＿　学号＿＿＿＿＿＿

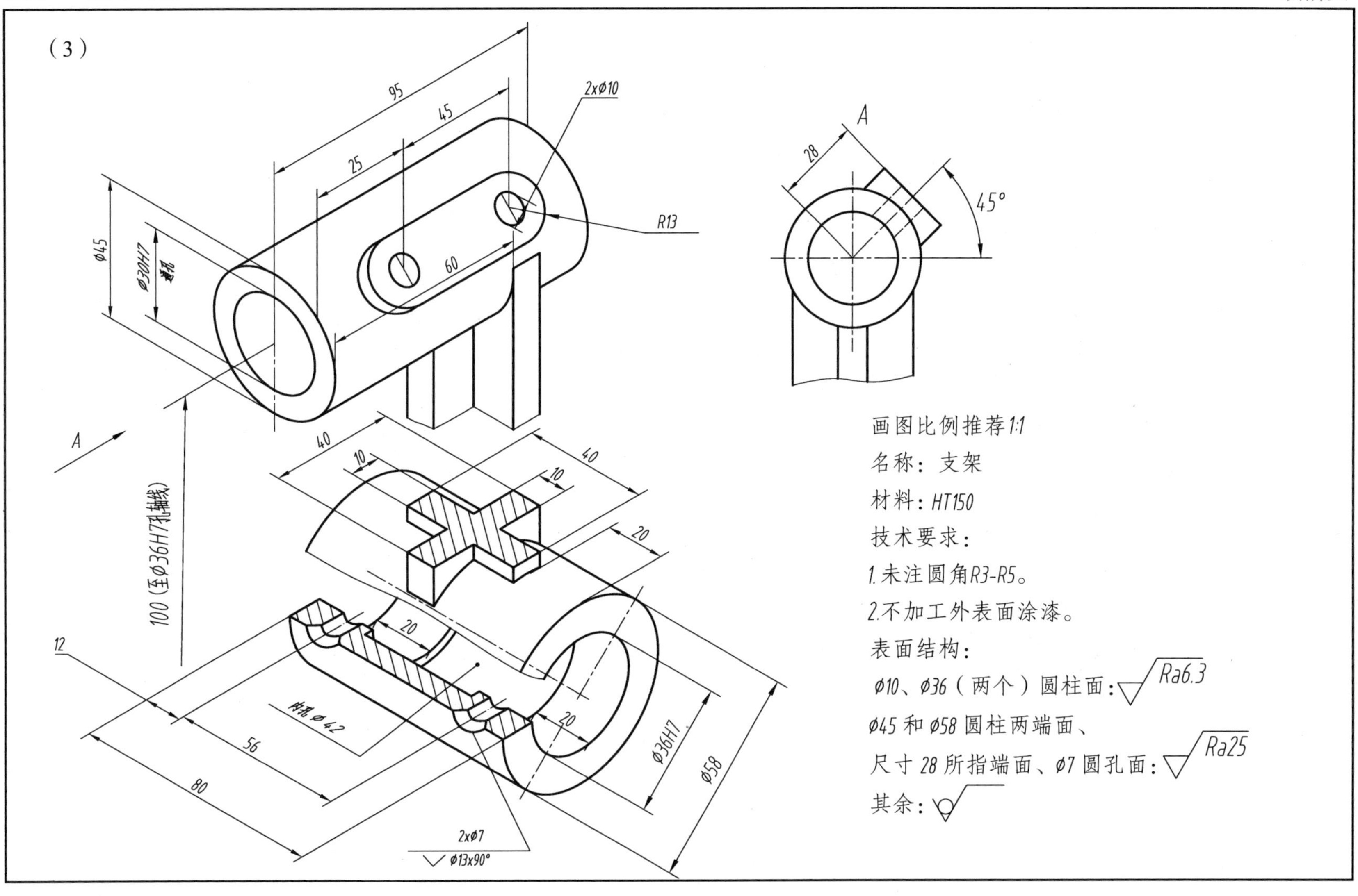
（3）
95
45
25
2xϕ10
R13
60
ϕ45
ϕ30H7
通孔
A
28
45°
A
100（至ϕ36H7孔轴线）
40
10
40
10
20
20
20
12
56
80
ϕ36H7
ϕ58
2xϕ7
ϕ13x90°
画图比例推荐1:1
名称：支架
材料：HT150
技术要求：
1.未注圆角R3-R5。
2.不加工外表面涂漆。
表面结构：
ϕ10、ϕ36（两个）圆柱面：Ra6.3
ϕ45和ϕ58圆柱两端面、
尺寸28所指端面、ϕ7圆孔面：Ra25
其余：

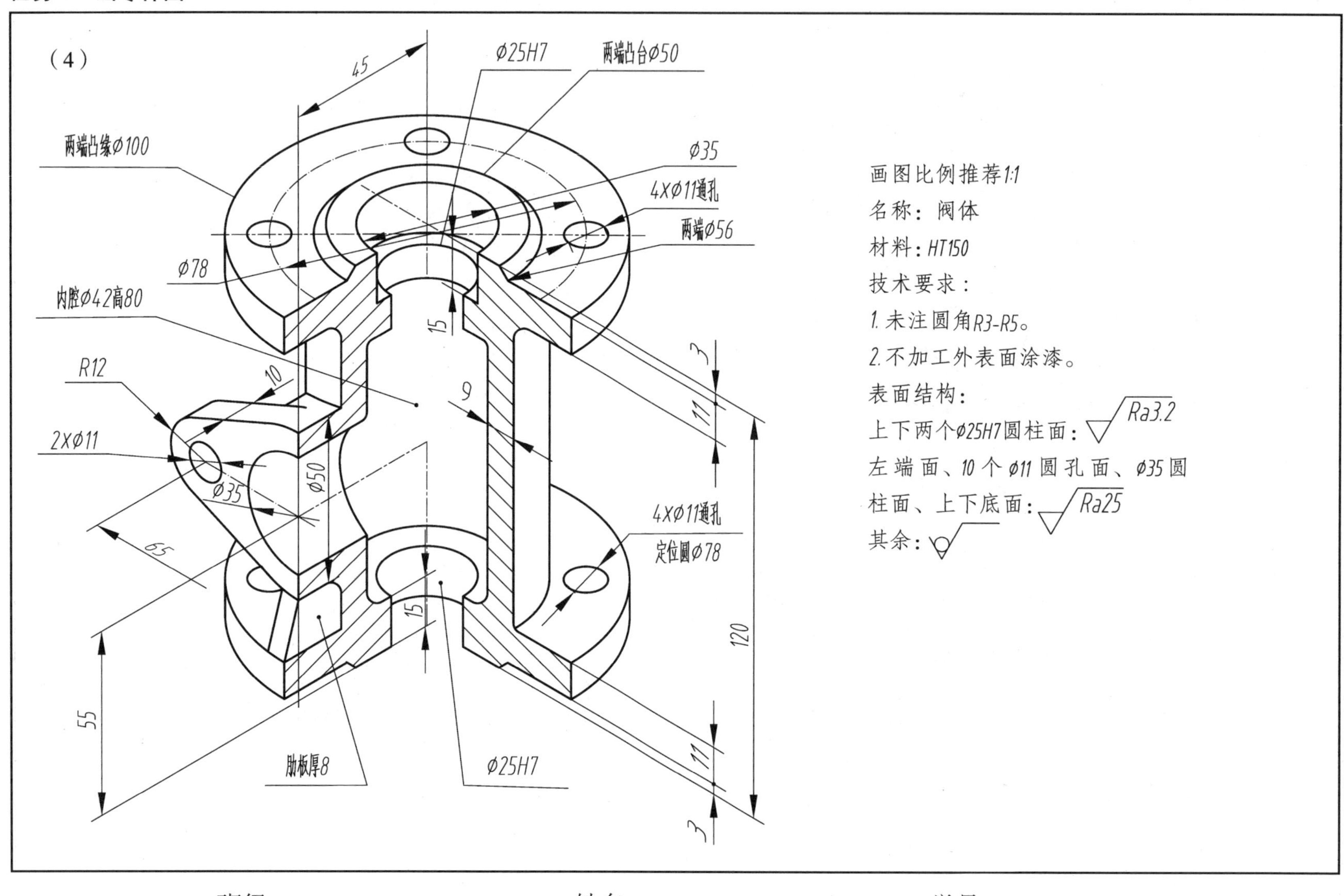
（4）
45
Ø25H7
两端凸台Ø50
两端凸缘Ø100
Ø35
4XØ11通孔
两端Ø56
Ø78
内腔Ø42高80
15
R12
10
9
3
11
2XØ11
Ø35
Ø50
65
4XØ11通孔
定位圆Ø78
120
55
15
肋板厚8
Ø25H7
画图比例推荐1:1
名称：阀体
材料：HT150
技术要求：
1. 未注圆角R3-R5。
2. 不加工外表面涂漆。
表面结构：
上下两个Ø25H7圆柱面：Ra3.2
左端面、10个Ø11圆孔面、Ø35圆柱面、上下底面：Ra25
其余：

项目九　装配图

任务1　画装配图

1. 根据旋塞的装配示意图和零件图，拼画出旋塞的装配图。

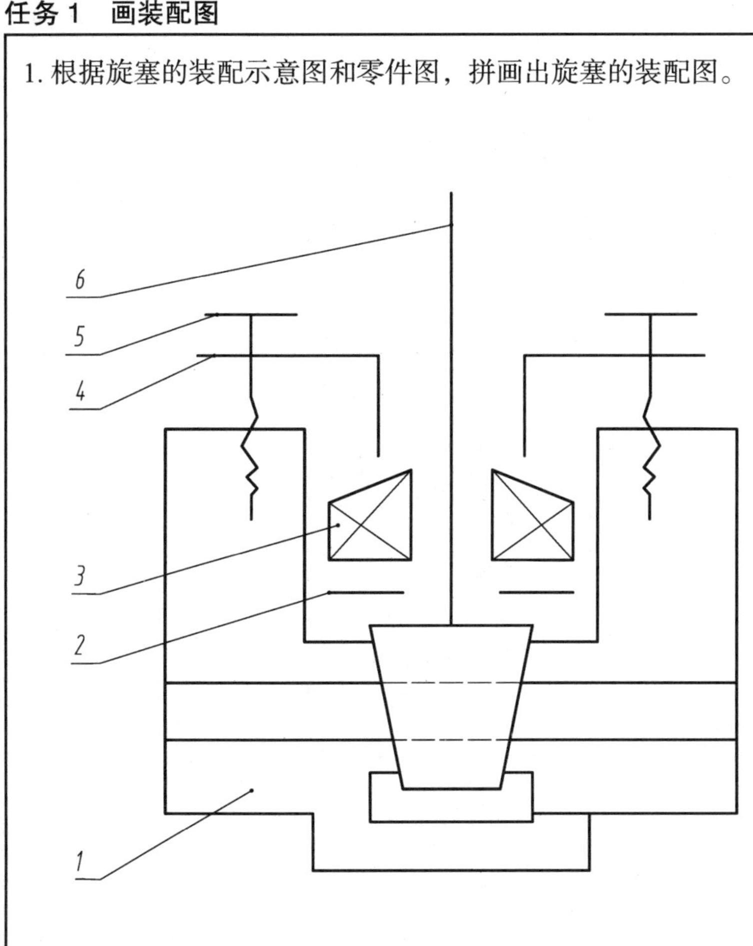

旋塞说明：

旋塞是液压传动中的一个部件。转动阀杆6，即可改变液体流量的大小，或关闭切断，或畅通无阻。为了密封，沿阀杆轴线方向装有填料3，用螺栓5把填料压盖4和阀体1连在一起。

技术要求：

1. 旋塞关闭位置时，不得有泄漏。
2. 工作压力为2.5×10^5 Pa。
3. 填料压紧后的高度约为12 mm。

序号	代号	名称	数量	材料	附注
6	XS-04	阀杆	1	45	
5	GB/T 5782	螺栓M10X25	2	35	
4	XS-03	填料压盖	1	Q235A	
3	XS-02	填料	1	石棉绳	无图
2	GB/T 97.1	垫圈18	1	35	
1	XS-01	阀体	1	20	

设计			旋塞	XS-00		
校对				比例		数量
审图			装配示意图	（学校名称）		

班级＿＿＿＿＿＿　姓名＿＿＿＿＿＿　学号＿＿＿＿＿＿

续前页

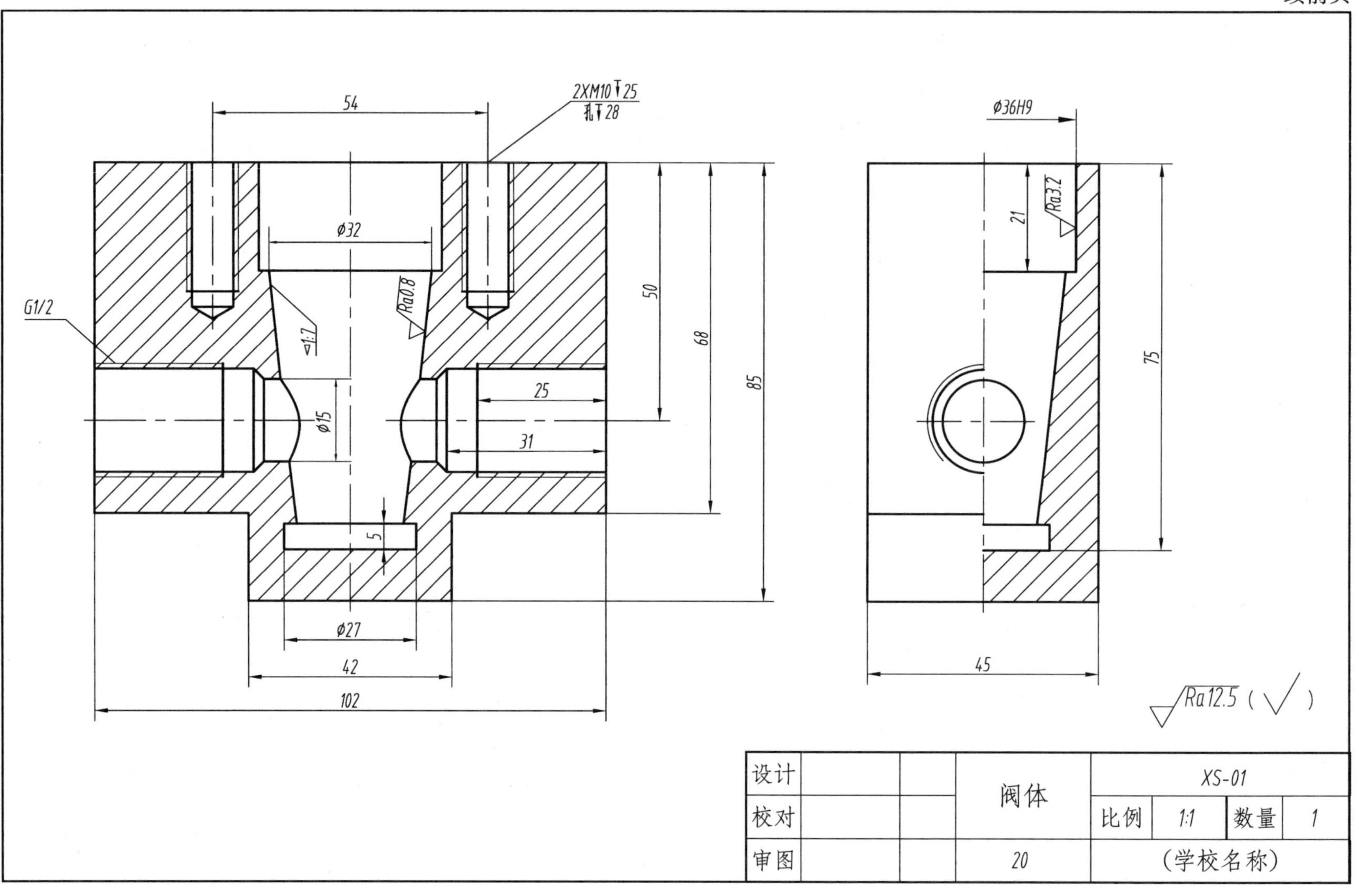

设计			阀体	XS-01			
校对				比例	1:1	数量	1
审图			20	(学校名称)			

　班级＿＿＿＿＿＿　姓名＿＿＿＿＿＿　学号＿＿＿＿＿＿

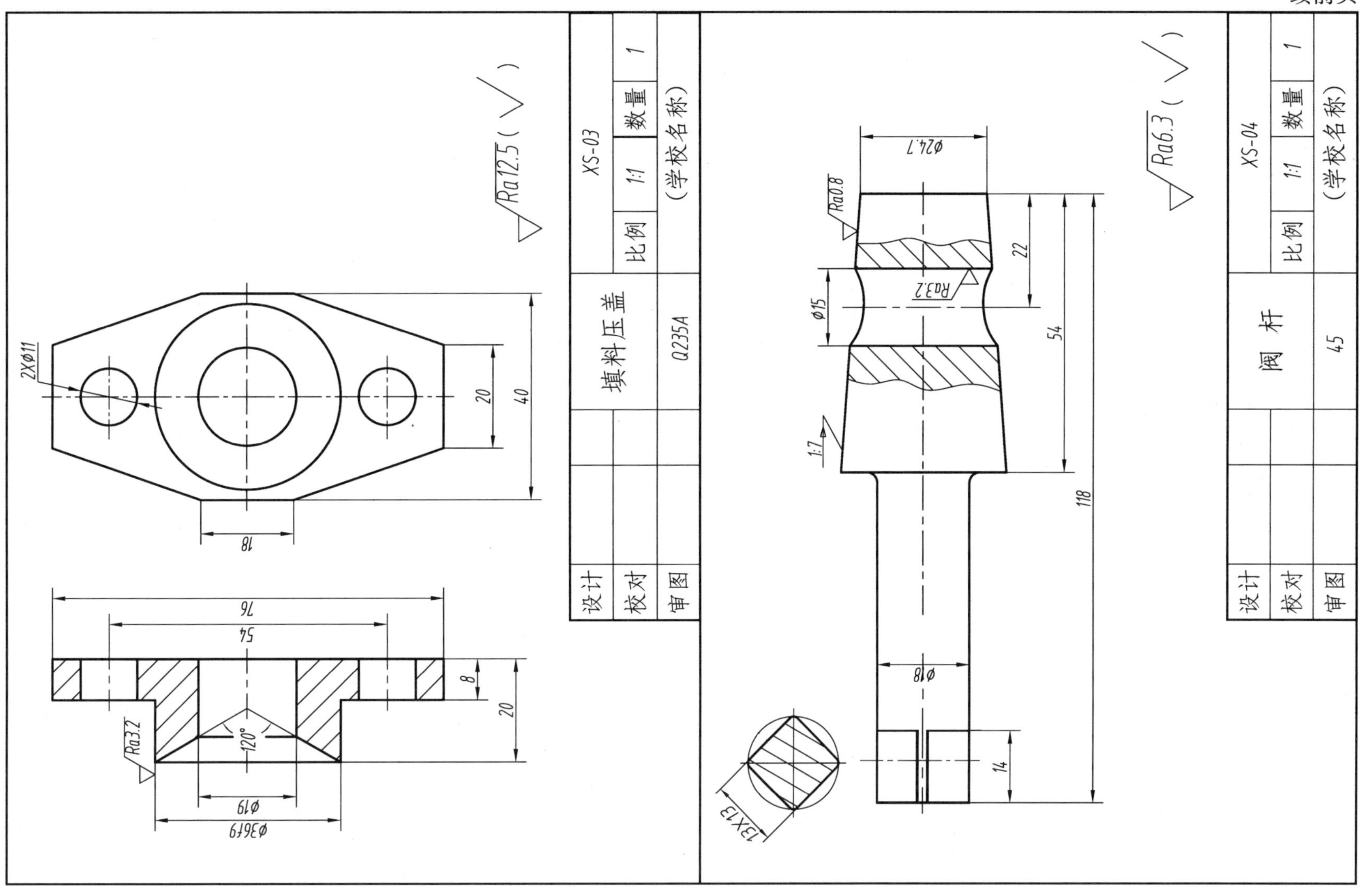
XS-03
比例
1:1
数量
1
填料压盖
Q235A
(学校名称)
设计
校对
审图
Ra12.5
2XΦ11
20
40
18
76
54
8
20
Ra3.2
120°
Φ19
Φ36f9
Φ24.7
Ra0.8
Ra3.2
Φ15
22
54
118
1:7
Φ18
14
13X13
Ra6.3
XS-04
阀杆
45

2. 根据虎钳的装配示意图和零件图，拼画出虎钳的装配图。

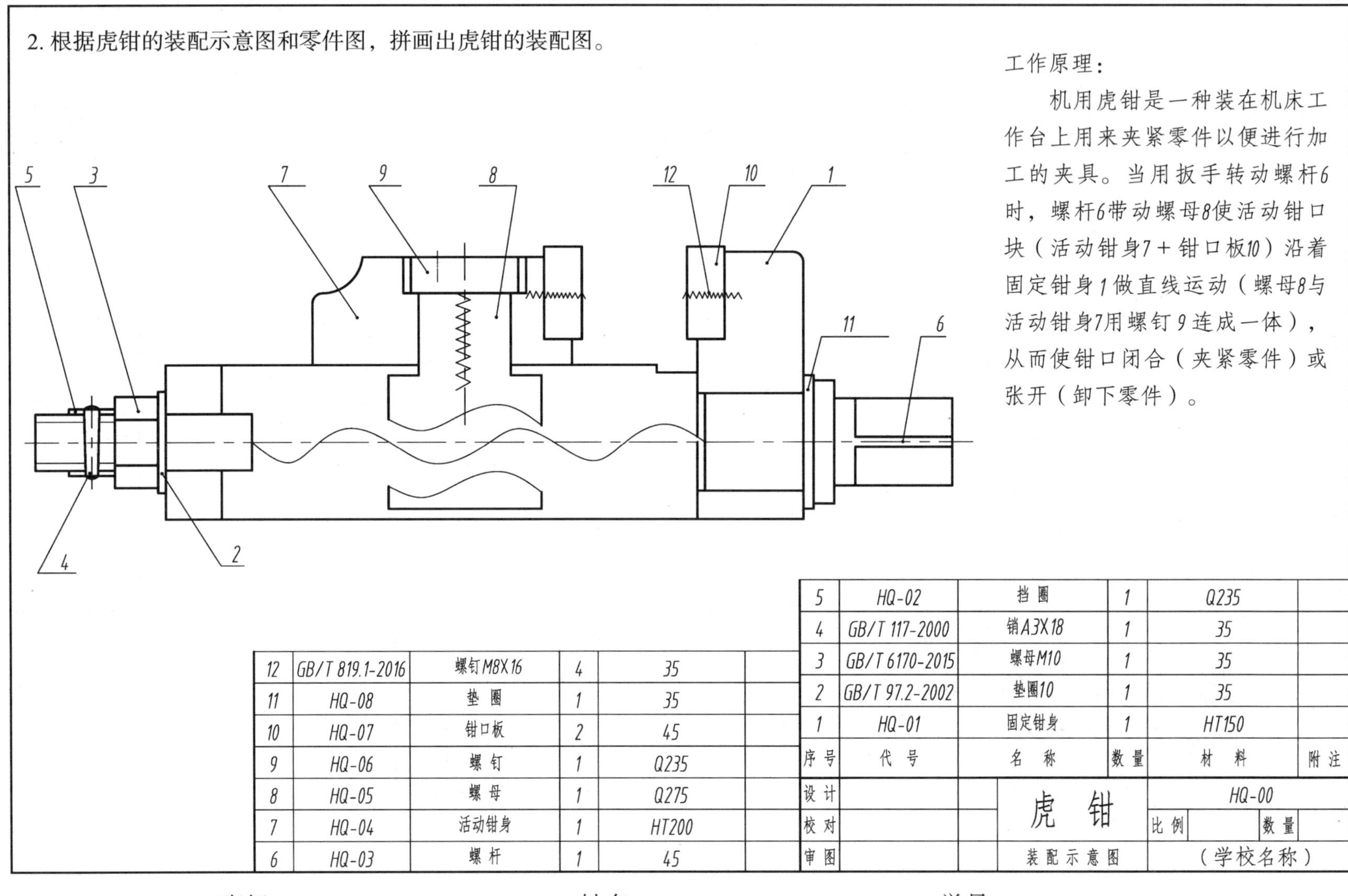

序号	代号	名称	数量	材料	附注
12	GB/T 819.1-2016	螺钉M8X16	4	35	
11	HQ-08	垫圈	1	35	
10	HQ-07	钳口板	2	45	
9	HQ-06	螺钉	1	Q235	
8	HQ-05	螺母	1	Q275	
7	HQ-04	活动钳身	1	HT200	
6	HQ-03	螺杆	1	45	
5	HQ-02	挡圈	1	Q235	
4	GB/T 117-2000	销A3X18	1	35	
3	GB/T 6170-2015	螺母M10	1	35	
2	GB/T 97.2-2002	垫圈10	1	35	
1	HQ-01	固定钳身	1	HT150	

设计		虎钳	HQ-00			
校对			比例		数量	
审图		装配示意图	（学校名称）			

　　班级＿＿＿＿＿＿　姓名＿＿＿＿＿＿　学号＿＿＿＿＿＿

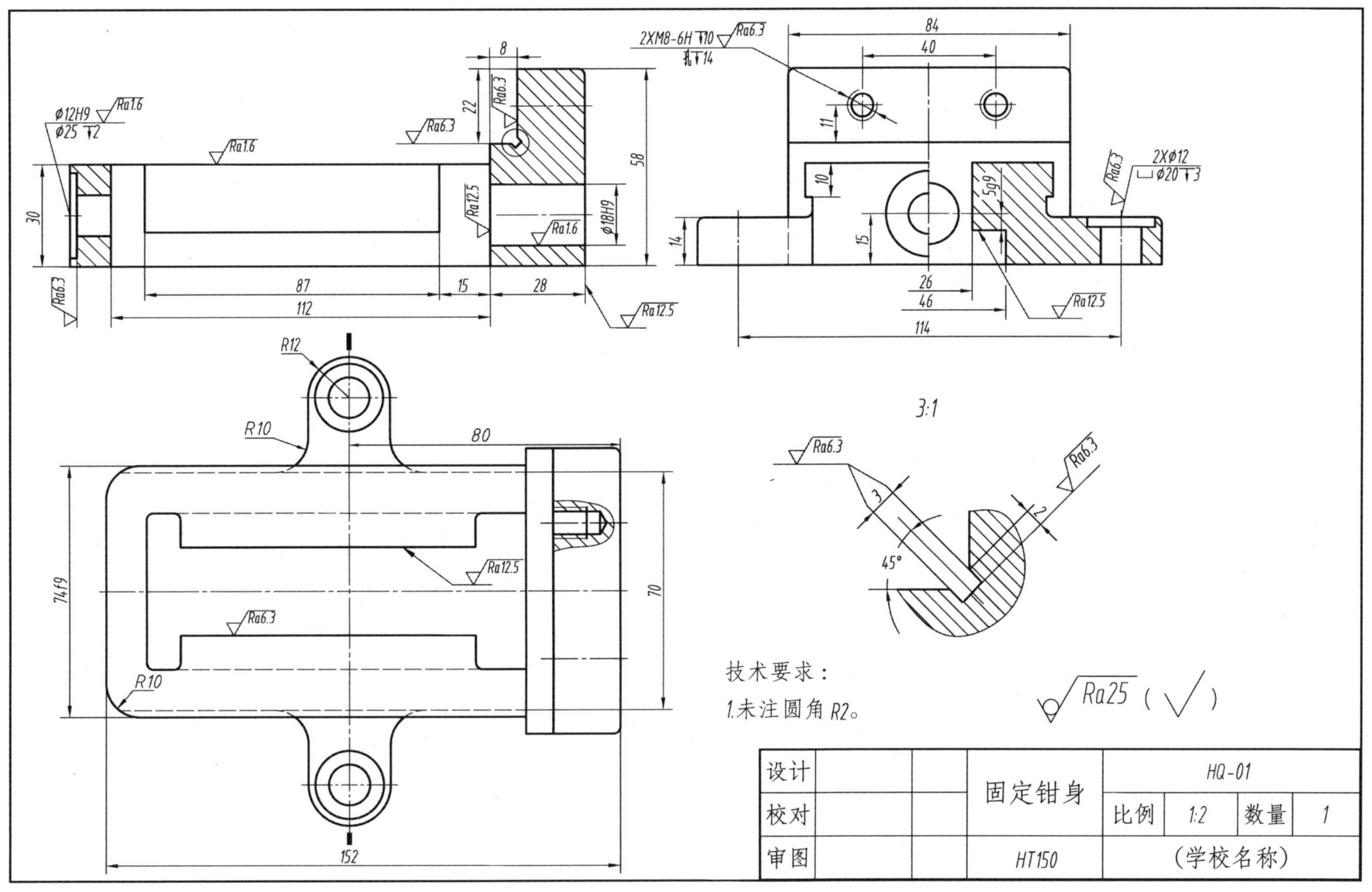

设计			固定钳身	HQ-01			
校对				比例	1:2	数量	1
审图			HT150	(学校名称)			

班级＿＿＿＿＿　姓名＿＿＿＿＿　学号＿＿＿＿＿

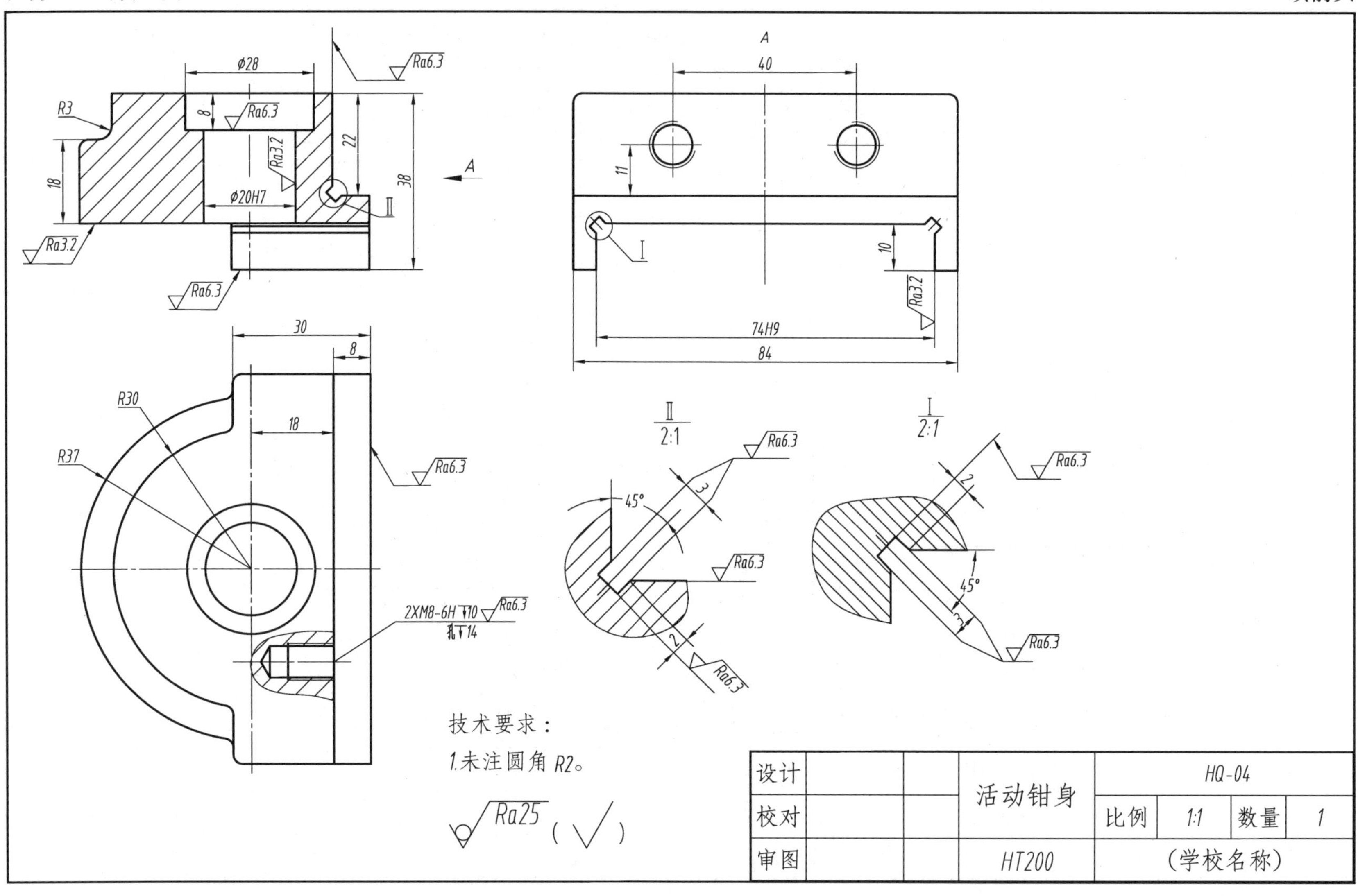

Φ28
Ra6.3
R3
8
Ra3.2
22
38
18
Φ20H7
A
Ⅱ
Ra3.2
Ra6.3
A
40
11
Ⅰ
10
74H9
84
30
8
R30
18
R37
Ra6.3
2XM8-6H↧10
孔↧14
Ⅱ
2:1
Ⅰ
2:1
45°
3
2
技术要求：
1.未注圆角 R2。
Ra25
设计
校对
审图
活动钳身
HQ-04
比例
1:1
数量
1
HT200
(学校名称)

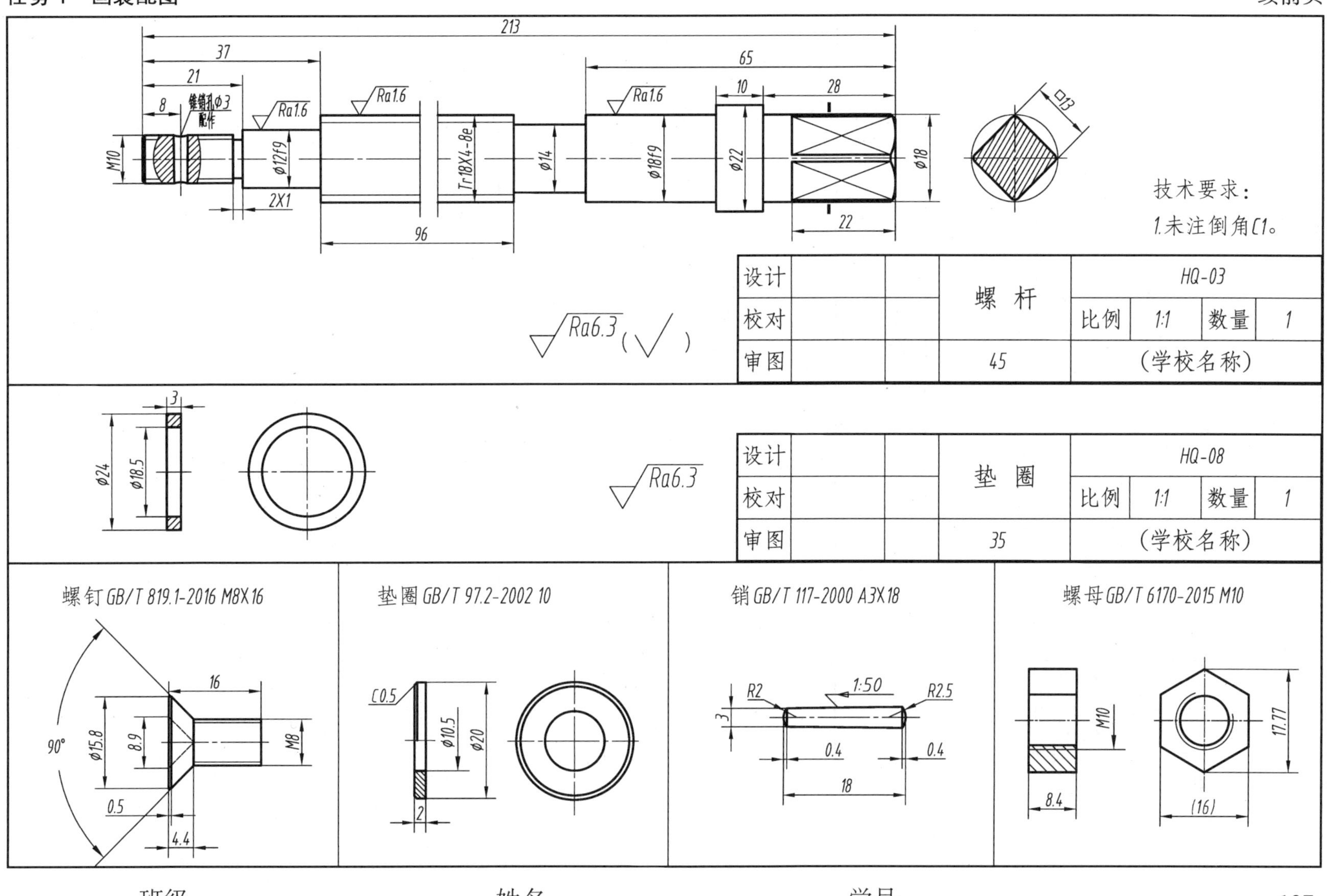
213
37
21
8
锥销孔φ3 配作
Ra1.6
M10
φ12f9
2X1
Tr18X4-8e
96
φ14
65
10
28
φ18f9
φ22
φ18
22
□13
技术要求:
1.未注倒角C1。
Ra6.3
设计
校对
审图
螺 杆
HQ-03
比例
1:1
数量
1
45
(学校名称)
3
φ24
φ18.5
垫 圈
HQ-08
35
螺钉 GB/T 819.1-2016 M8X16
16
90°
φ15.8
8.9
M8
0.5
4.4
垫圈 GB/T 97.2-2002 10
C0.5
φ10.5
φ20
2
销 GB/T 117-2000 A3X18
R2
1:50
R2.5
3
0.4
18
螺母 GB/T 6170-2015 M10
M10
17.77
8.4
(16)

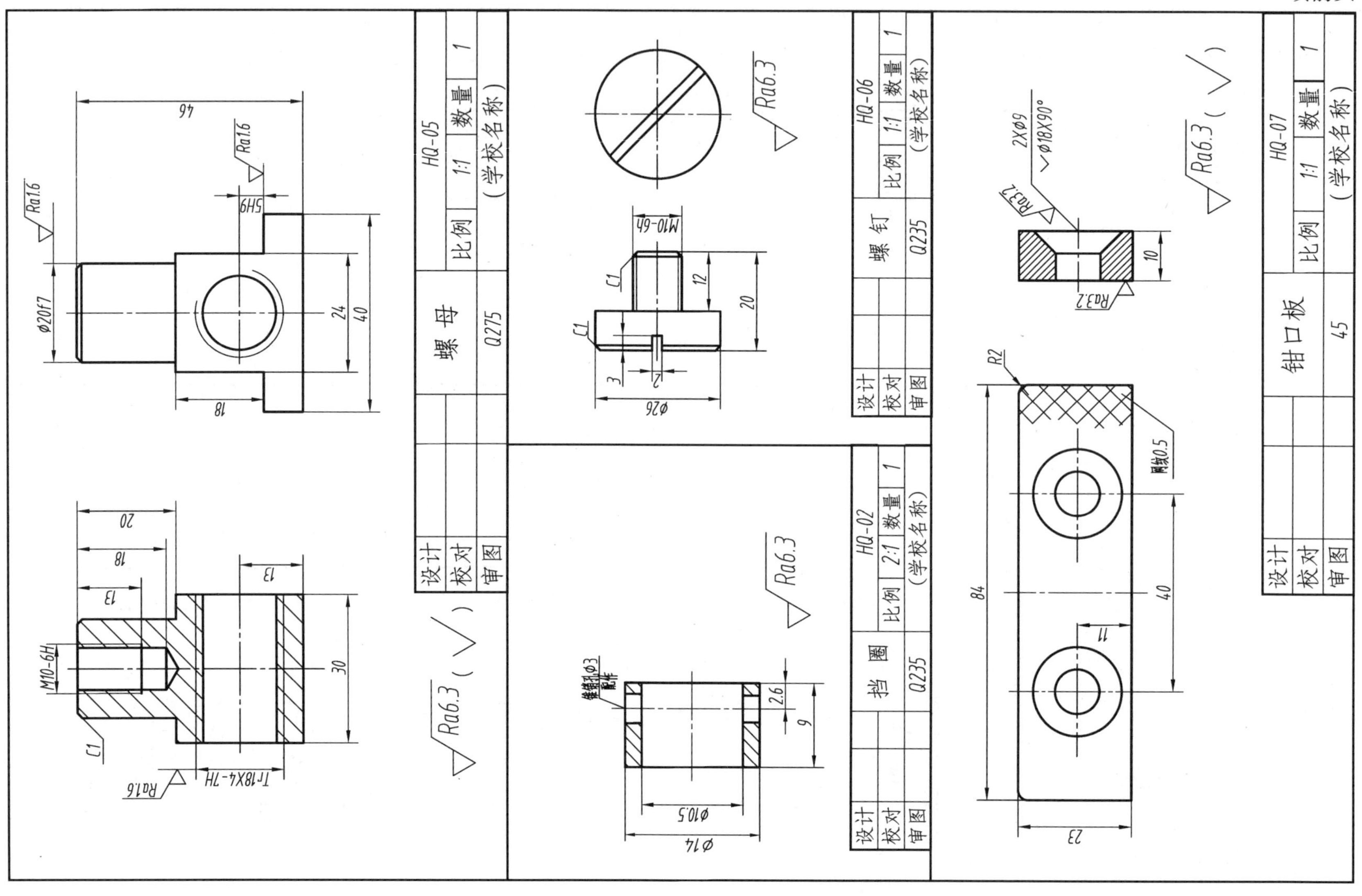
螺母
HQ-05
比例 1:1 数量 1
Q275
设计
校对
审图
(学校名称)
Ra6.3 (√)
46
Ra1.6
5H9
Ø20f7
24
40
18
20
13
30
M10-6H
C1
Tr18X4-7H
螺钉
HQ-06
Q235
M10-6h
C1
12
20
Ø26
3
2
Ra6.3
挡圈
HQ-02
比例 2:1 数量 1
Ø10.5
Ø14
2.6
9
钳口板
HQ-07
45
2XØ9
⌵Ø18X90°
Ra3.2
10
R2
网纹0.5
84
40
11
23

班级＿＿＿＿＿＿　姓名＿＿＿＿＿＿　学号＿＿＿＿＿＿

任务 2 读装配图

1. 读手压阀装配图，并拆画零件图。

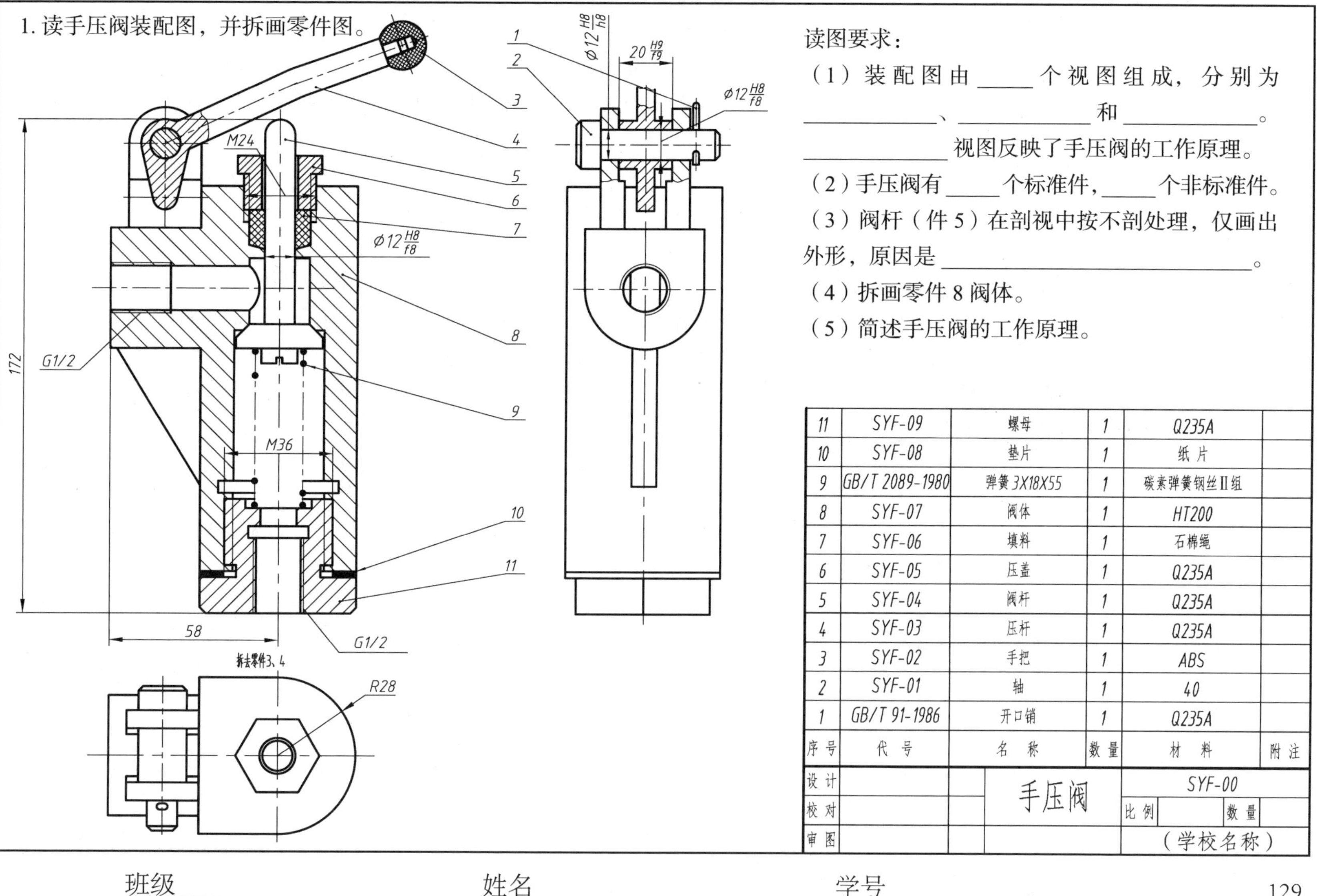

读图要求：

（1）装配图由 ____ 个视图组成，分别为 __________、__________ 和 __________。__________ 视图反映了手压阀的工作原理。

（2）手压阀有 ____ 个标准件，____ 个非标准件。

（3）阀杆（件 5）在剖视中按不剖处理，仅画出外形，原因是 ____________________。

（4）拆画零件 8 阀体。

（5）简述手压阀的工作原理。

序号	代号	名称	数量	材料	附注
11	SYF-09	螺母	1	Q235A	
10	SYF-08	垫片	1	纸片	
9	GB/T 2089-1980	弹簧 3X18X55	1	碳素弹簧钢丝Ⅱ组	
8	SYF-07	阀体	1	HT200	
7	SYF-06	填料	1	石棉绳	
6	SYF-05	压盖	1	Q235A	
5	SYF-04	阀杆	1	Q235A	
4	SYF-03	压杆	1	Q235A	
3	SYF-02	手把	1	ABS	
2	SYF-01	轴	1	40	
1	GB/T 91-1986	开口销	1	Q235A	

设计		手压阀	SYF-00	
校对			比例	数量
审图			（学校名称）	

班级 __________ 姓名 __________ 学号 __________

2. 读截止阀装配图，并拆画零件图。

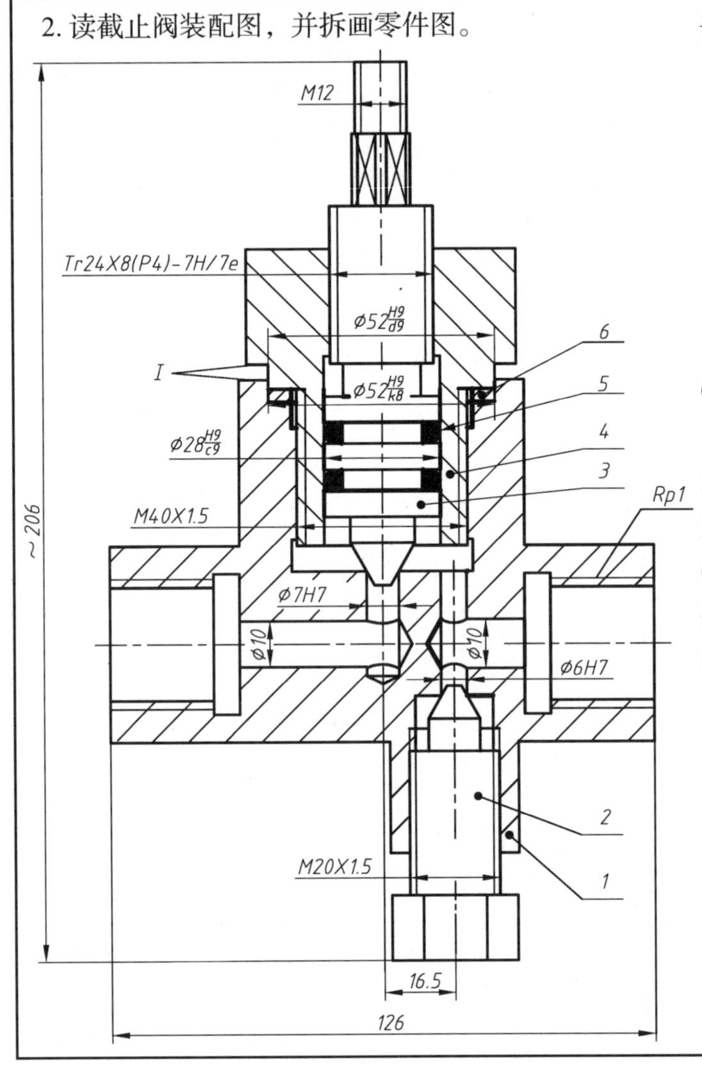

读图要求：

（1）简述截止阀的工作原理；

（2）装配图中 I 所指的两零件表面（件 1 和件 4）为何要留有较大的间隙距离？

（3）泄压螺钉（件 2）的作用是什么？

（4）当阀门开通后，在正常情况下泄压孔是关闭还是开启的？

（5）*Rp*1 是什么尺寸？并解释其含义。

（6）解释 $\phi 52\frac{H9}{k8}$ 的含义。

（7）在 A3 图纸上按尺寸 1:1 拆画零件 4 填料盒。

① 填料盒上端部为六角栓头，六边形对角尺寸 e=64 mm，宽度 s=55 mm（要求按比例画法绘制）。填料盒总长为 70 mm，M40 × 1.5 螺纹长度为 37 mm（包含工艺结构尺寸，螺纹小径为 38 mm），填料内孔深 44 mm（包含工艺结构尺寸），其余结构和尺寸、技术要求参看装配图及关联尺寸选择）。

② 填料盒为机械加工件，要求绘制常见机械工艺结构（包括六角螺栓头倒角）。

③ 机械工艺结构尺寸要求采用简化标注。

④ 填料盒零件结构形状要表达完整准确，尺寸和技术要求选择要合理恰当。

6	JZF-06	密封垫圈	1	45	
5	JZF-05	O形盘根	2	耐油橡胶	
4	JZF-04	填料盒	1	45	
3	JZF-03	阀杆	1	2Cr13	
2	JZF-02	泄压螺钉	1	2Cr13	M20X1.5
1	JZF-01	阀体	1	45	
序号	代号	名称	数量	材料	附注
设计		截止阀	JZF-00		
校对			比例 1:1	数量	
审图			（学校名称）		

班级＿＿＿＿＿＿ 姓名＿＿＿＿＿＿ 学号＿＿＿＿＿＿

3. 读钻模装配图，并拆画零件 1 底座。

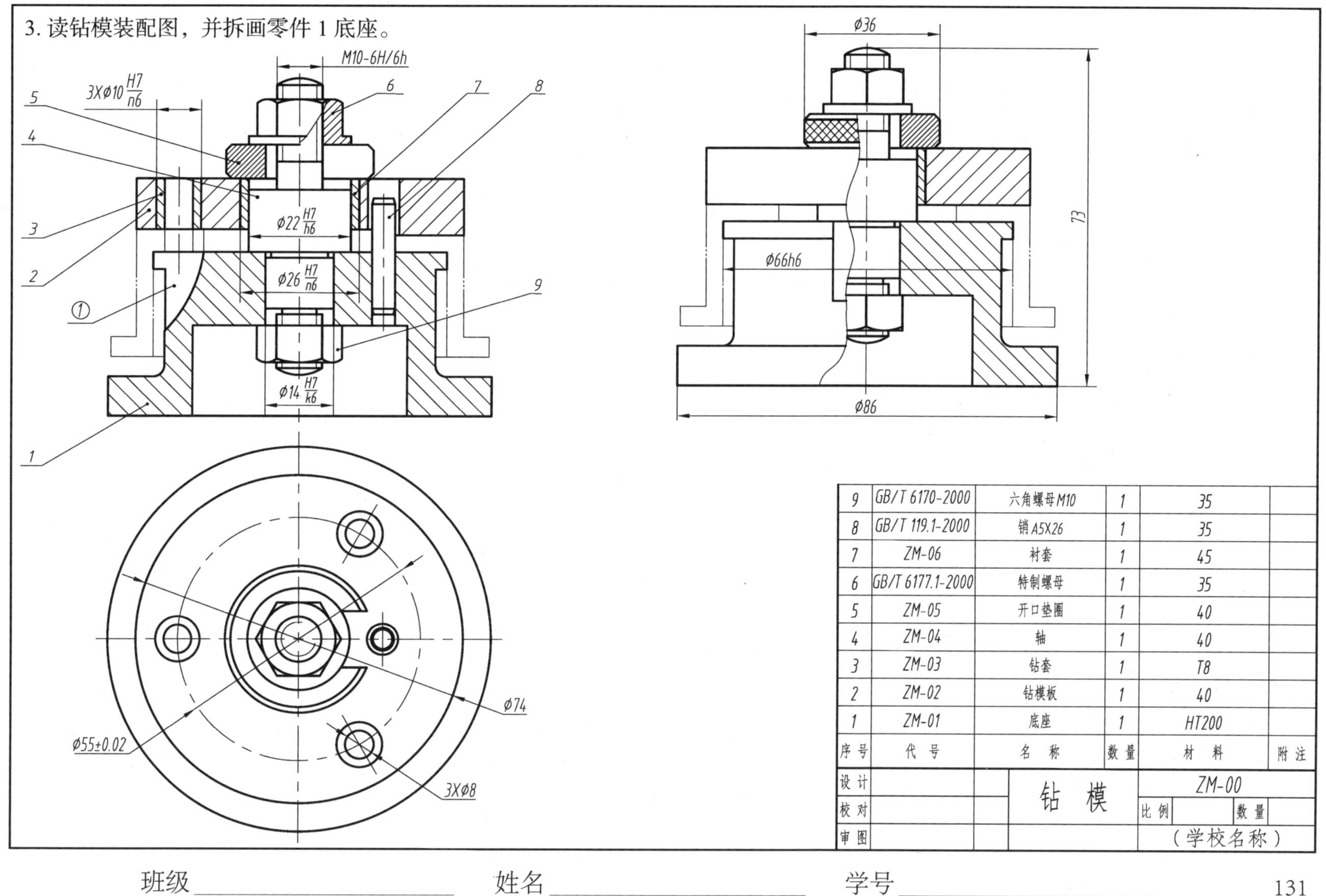

9	GB/T 6170-2000	六角螺母M10	1	35	
8	GB/T 119.1-2000	销 A5X26	1	35	
7	ZM-06	衬套	1	45	
6	GB/T 6177.1-2000	特制螺母	1	35	
5	ZM-05	开口垫圈	1	40	
4	ZM-04	轴	1	40	
3	ZM-03	钻套	1	T8	
2	ZM-02	钻模板	1	40	
1	ZM-01	底座	1	HT200	
序号	代 号	名 称	数量	材 料	附注

设计			钻 模	ZM-00			
校对				比例		数量	
审图				（学校名称）			

班级________ 姓名________ 学号________

工作原理：

钻模是用于加工工件的夹具。把工件放在底座 1 上，装上钻模板 2，钻模板通过圆柱销 8 定位后，再放置开口垫圈 5，并用特制螺母 6 压紧。钻头通过钻套 3 的内孔，准确地在工件上钻孔。

回答问题：

（1）该钻模由 ________ 种零件组成，有 ________ 个标准件。

（2）根据视图想零件的形状，分析零件类型。

属于轴套类的有：____________、____________、____________。

属于盘盖类的有：____________、____________。

属于箱体类的有：__________________________。

（3）观察在主视图、左视图中用双点画线画的图形，这属于 __________ 画法，画的是 __________。

（4）图中①所指的是 __________ 的投影，其作用是 ____________。

（5）工件上共钻 _____ 个孔，孔的直径是 __________。

（6）件 8 的作用是 __________。

（7）件 4 在剖视图中按不剖切处理，仅画出外形，原因是 ____。

（8）图中 ϕ86、73、ϕ66h6 分别是 ______、______ 和 _____ 尺寸。

（9）件 4 与件 7 属于 ________ 制 ________ 配合。

（10）在右方空白处画出件 2 的俯视图（尺寸从装配图中量取）。

（11）件 5 的正确视图的代号（右图）是 ____________________。

（12）要取下被加工工件，请按拆卸的顺序依次写出零件序号：____。

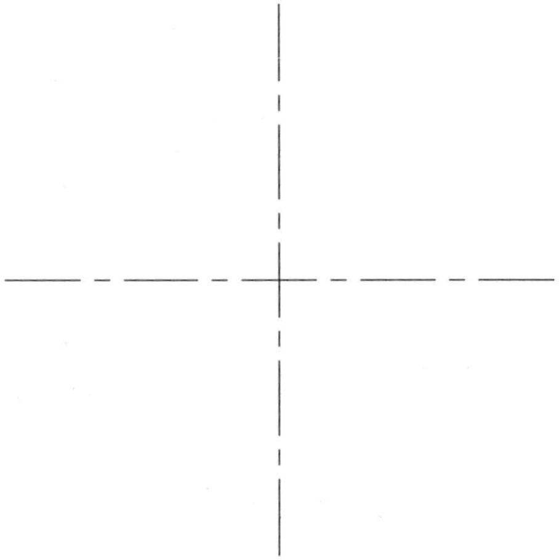

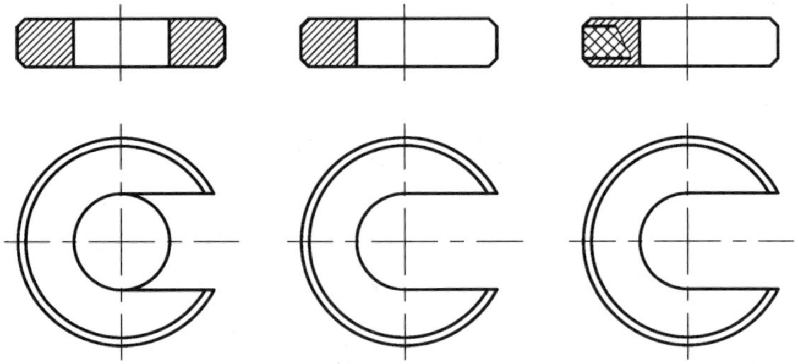

(a)　　(b)　　(c)

班级 ______________　姓名 ______________　学号 ______________

4. 读托辊装配图，拆画零件 2，并回答问题。

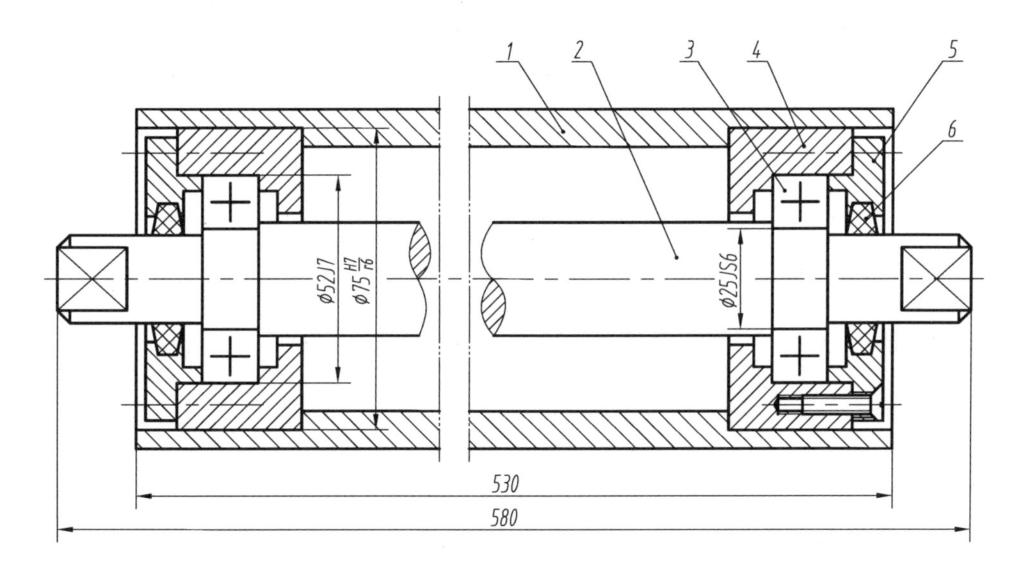

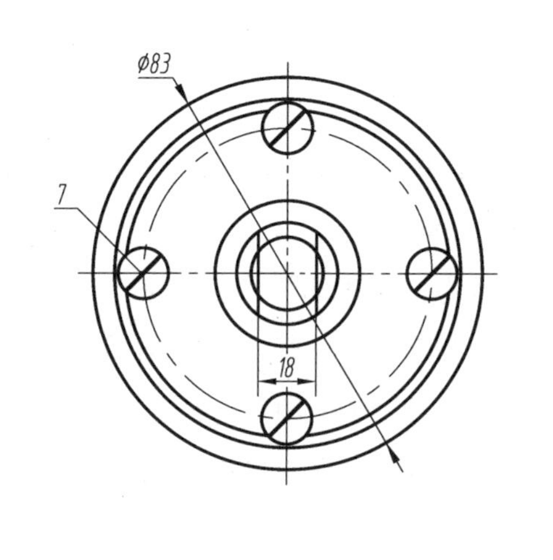

技术要求：

1. 装配后滚筒要转动灵活。
2. 滚筒轴向移动量不大于 1mm。
3. 盖与套之间空隙内装满润滑脂。

7	GB/T 68	沉头螺钉 M5X20	8	35	
6	TG-05	油封	2	毛毡	
5	TG-04	压盖	2	HT150	
4	TG-03	轴承套	2	Q235	
3	GB/T 276-2013	滚动轴承6205	2		
2	TG-02	轴	1	45	
1	TG-01	滚筒	1	无缝钢管	
序号	代号	名称	数量	材料	附注

设计			托　辊	TG-00			
校对				比例		数量	
审图				（学校名称）			

班级 ______ 姓名 ______ 学号 ______

（1）托辊装配图用 ______ 个基本视图表达，主视图是 ______ 剖视图，右边的是 ________ 图。

（2）零件 2 中间部分的形状是 ____________ 体。

（3）两端画有相交细实线处是 ____________ 面。

（4）主视图中的轴承采用 __________ 画法，螺钉采用 __________ 画法，中断处画的是 __________ 线。

（5）尺寸 580 属于 ________ 尺寸，$\phi 75\frac{H7}{r6}$ 属于 ________ 尺寸。

（6）代号为 TG-01 的零件名称为 ________，数量为 ________，其基本外形为 ________ 体。

（7）托辊装配好后，要求滚筒转动灵活，滚筒轴向移动量不大于 ________mm，盖与套之间的空隙内装满 ________。

（8）所装滚动轴承的内孔直径为 ________mm，外圆直径为 ________mm。

（9）在左视图上用指引线标出零件 1、2、5。

班级 ____________ 姓名 ____________ 学号 ____________

参考文献

[1] 杨小兰 . 机械制图习题集 [M]. 2 版 . 北京：机械工业出版社，2018.

[2] 王农 . 工程制图训练与解答（上册）[M]. 2 版 . 北京：机械工业出版社，2020.

[3] 李华，李锡蓉 . 机械制图项目化教程习题集 [M]. 北京：机械工业出版社，2018.

[4] 冯开平，唐西隆，莫春柳 . 画法几何与机械制图习题集 [M]. 广州：华南理工大学出版社，2013.

[5] 王成刚，张佑林，赵奇平 . 工程图学简明教程习题集 [M].3 版 . 武汉：武汉理工大学出版社，2009.

[6] 杨裕根，诸世敏 . 现代工程图学习题集 [M]. 2 版 . 北京：北京邮电大学出版社，2007.

[7] 胡建生 . 机械制图习题集 [M]. 北京：机械工业出版社，2016.

[8] 邵立康，陶冶，樊宁，等 . 全国大学生先进成图技术与产品信息建模创新大赛第 12、13 届命题解答汇编 [M]. 北京：中国农业大学出版社，2021.

[9] 王静 . 新标准机械图图集 [M]. 北京：机械工业出版社，2014.